培养孩子注意力的100个细节

李静 王应美 / 著

天津出版传媒集团

天津科学技术出版社

图书在版编目（CIP）数据

培养孩子注意力的100个细节 / 李静，王应美著. -- 天津：天津科学技术出版社，2021.5
 ISBN 978-7-5576-9028-1

Ⅰ. ①培… Ⅱ. ①李… ②王… Ⅲ. ①儿童-注意-能力培养 Ⅳ. ①B842.3

中国版本图书馆CIP数据核字(2021)第073964号

培养孩子注意力的100个细节
PEIYANG HAIZI ZHUYILI DE 100 GE XIJIE

责任编辑：	刘　颖
助理编辑：	张　冲
出　　版：	天津出版传媒集团 天津科学技术出版社
地　　址：	天津市西康路35号
邮　　编：	300051
电　　话：	（022）23332695
发　　行：	新华书店经销
印　　刷：	唐山市铭诚印刷有限公司

开本 880×1230　1/32　印张 7　字数 120 000
2021年5月第1版第1次印刷
定价：42.00元

前言

为了不让孩子输在起跑线上，家长们争相给孩子找最好的学校，报最好的辅导班，买最新的智能学习工具，就连孩子的饮食、住宿、穿着等都是最好的，希望孩子生活舒适的同时又能收获更好的成绩。然而，孩子所取得的成绩不是不太理想，就是一塌糊涂，这令很多家长既失望又头疼。

钱也花了，课也上了，孩子的成绩和表现依然达不到家长的期望，这是为什么呢？

一些家长反映，孩子上课总是坐不住，小动作很多，一会儿摸摸这儿，一会儿看看那儿，一堂课下来，几乎什么都没有学到；还有些家长说，孩子没有常性，做什么都是三分钟热度，什么都想学，却又都不认真学，最后什么都学了，却什么都不深入……其实，家长们所反映的这些现象，归根到底还是孩子注意力不集中的问题。注意力不集中问题是孩子总达不到家长期望的根本原因。

注意力不集中的表现远不止上面提到的这些。完成作业的时间过长、做事有开头无结尾、总是丢三落四、情绪过于急躁、遇事就想放弃、记忆力不佳、反应过慢等都是孩子注意力不集中的表现。

注意力是智力的五个基本因素之一，是记忆力、观察力、想象力、思维力的准备状态。家长如果想要孩子达到自己的期望，并在将来拥有一个更好的前途，就必须注重培养孩子的注意力。

孩子注意力不集中，是由多种因素造成的。棍棒式的教育、过多的兴趣班、嘈杂的环境、父母的不良行为、各方面的压力、父母的过度关心等，都会导致孩子的注意力无法集中。当发现孩子注意力难以集中时，家长们可以从这些方面找找原因。

有些家长会说："光找原因有什么用，还得有解决办法，提升孩子的注意力才是目的。"可是，要怎么做才能提升孩子的注意力呢？

鉴于此，我们编写了本书。本书第一章介绍了注意力对孩子的重要性，第二章深入剖析了孩子注意力不集中的根源，第三章到第十章分别从有品质的生活与环境、掌控情绪、家长以身作则、自我管理、时间观念、兴趣、趣味游戏、科学训练等八个方面来分析和探讨孩子的注意力问题。

孩子的注意力能否得到提升，关键与孩子生活品质和成长环境的好坏有关。有规律的作息、均衡的饮食、安静的学习环境、开放的沟通环境、有爱的家庭环境等都能为孩子集中注意力提供有利条件。

情绪有两个开关：一个是负面情绪，一个是正面情绪。负面情绪会分散注意力。正面情绪会提升注意力。负面情绪包括愤怒、紧张、焦虑、嫉妒等。本书第四章指出了各种负面情绪对孩子注意力的影响，并给出了一些相关建议。

父母是孩子的第一任老师，是孩子学习、模仿的主要榜样。工作投入、学习专心的家长可以为孩子树立一个注意力集中的榜样，这种无声的教育远远胜过总唠叨着让孩子集中注意力的有声教育。

本书第六章、第七章、第八章、第九章和第十章分别对自我管理、时间观念、兴趣、趣味游戏、科学训练做了讲述，并给出了解决相关问题的建议，以供各位家长参考。

关于培养孩子注意力的方法，除了本书中所提出的建议之外，家长们还要结合孩子的具体情况，主动去挖掘、创造一些更新颖、更适合孩子的方法。希望本书能够为更多的家长排忧解难，帮助更多的孩子集中注意力，让他们更健康、更自信地成长。

目录

第一章 注意力：智力的五个基本构成要素之一

细节1　集中注意力学习，效率会更高哦！
　　　　——注意力是孩子掌握知识与技能的关键钥匙　　002

细节2　孩子，让妈妈少操点心吧！
　　　　——注意力与智力紧密关联，家长为此操心不已　　004

细节3　你的想象力真丰富！
　　　　——注意力集中可提升想象力，丰富创造力　　006

细节4　你的思维方式很独特呢！
　　　　——注意力可以训练孩子的思维力　　008

细节5　你的记忆力真好！
　　　　——注意力决定记忆力，是学习效果的重要保证　　010

细节6　你观察得很仔细哦！
　　　　——观察力与注意力相辅相成，互相成就　　012

细节7　你学习效率很高哦！
　　　　——注意力集中，学习效率高　　014

细节8　你真勇敢，一点儿都不紧张！
　　　　——集中注意力给人自信，自信消除紧张　　017

001

细节 9　你会收拾自己的房间啦！
　　　　——专注做事的孩子，独立能力更强　　　　019

细节 10　妈妈再也不用每天催你做作业了！
　　　　——打开注意力总开关，提升孩子的自觉力　　　　021

第二章　注意力不集中，必然有根源

细节 11　孩子不打不成器！
　　　　——小心"棍棒教育"打散孩子的注意力　　　　024

细节 12　放学后要上英语辅导课哦！
　　　　——过多的兴趣班容易分散孩子的注意力　　　　027

细节 13　抬头电视、电脑，低头手机、电子游戏
　　　　——这样的家庭环境叫孩子怎能不分心　　　　029

细节 14　我的鞋去哪儿了？
　　　　——乱糟糟的家庭环境易分散孩子的注意力　　　　031

细节 15　爸爸，要不您在外面打完电话再进来？
　　　　——嘈杂的家庭环境不利于孩子集中注意力　　　　033

细节 16　妈妈，您看我，您看我呀！
　　　　——为了博取关注，孩子的注意力会被分散　　　　035

细节 17　别催我，越催我越紧张！
　　　　——不停地催促，只会干扰孩子的注意力　　　　037

细节 18　我怕老师、同学不喜欢我！
　　　　——孩子害怕社交，其注意力易被分散　　　　039

细节 19　爸爸也这样，怎么不去管他呢？
　　　　——父母没给孩子树立专注做事的榜样　　　　041

细节 20　妈妈，我好累！
　　　　——压力太大，孩子的注意力很难集中　　　　043

细节 21　妈妈，别总在我面前晃悠！
　　　　——家长过度关注孩子，会打断孩子的注意力　　045

第三章　有品质的生活与环境：提升孩子注意力的重要因素

细节 22　孩子，晚安！
　　　　——充足且优质的睡眠可以提高孩子的注意力　　048

细节 23　宝贝，起来陪妈妈跑步呀！
　　　　——运动对帮助孩子提升注意力有着积极的影响　050

细节 24　不能挑食哦！
　　　　——均衡的饮食能让孩子的注意力更集中　　　　052

细节 25　以后你就在这里学习吧！
　　　　——学习环境良好，注意力更集中　　　　　　　055

细节 26　你学习的时候能不能专心一点？
　　　　——采用软暴力培养注意力的方式不可取　　　　058

细节 27　这个问题我都说多少遍了！
　　　　——不厌其烦地唠叨，只会分散孩子的注意力　　060

细节 28　假期也不能睡懒觉哦！
　　　　——有规律的作息有利于孩子注意力的集中　　　062

细节 29　你的想法很重要哦！
　　　　——开放舒适的沟通环境有利于孩子集中注意力　　064

细节 30　进孩子的房间要先敲门！
　　　　——留一个私人空间，减少对孩子注意力的干扰和刺激　066

细节 31　这周末你想去哪里玩呀？
　　　　——劳逸结合，学习才能事半功倍　　068

细节 32　爸爸很爱妈妈哦！
　　　　——创建和谐有爱的家庭环境，保护孩子的注意力　　071

第四章　掌控情绪：好情绪是注意力集中的前提

细节 33　不开心了就跟妈妈说！
　　　　——和孩子交朋友，做孩子的倾听者　　074

细节 34　暴力可不能解决问题哦！
　　　　——引导孩子正确发泄情绪　　076

细节 35　别害怕，你可以的！
　　　　——消除孩子的畏难情绪，帮助孩子集中注意力　　078

细节 36　妈妈，我不想去上学！
　　　　——孩子有厌学情绪，当心是注意力惹的祸　　080

细节 37　如果别人对你大吼大叫，你一定会很难过吧！
　　　　——引导孩子换位思考，帮助孩子控制不良情绪　　082

细节 38　每天给生活一个甜甜的笑容
　　　　——积极乐观的情绪，让孩子做事更认真　　084

细节 39　他凭什么考得比我好？
　　　　——别让嫉妒心理分散孩子的注意力　　　　　　　　086

细节 40　妈妈，这里太嘈杂了
　　　　——高敏感孩子的注意力更需要呵护　　　　　　　　088

细节 41　昨天的早餐，我们都吃了些什么呀？
　　　　——转移孩子的注意力，帮助孩子走出不良情绪　　　090

细节 42　你知道妈妈为什么会冷落你吗？
　　　　——适当采取"冷处理"的教育方式，帮助孩子消除任性　092

细节 43　等客人到了才能吃哦！
　　　　——巧用"延迟满足"，有效提升孩子的注意力　　　094

细节 44　都怪我！
　　　　——别让自责情绪困住孩子的注意力　　　　　　　　097

第五章　以身作则：家长是孩子集中注意力的榜样

细节 45　我们一起阅读吧！
　　　　——陪孩子一起阅读，提升孩子的注意力　　　　　　100

细节 46　"因为妈妈是大人呀！"
　　　　——"因为我是大人"不能成为家长注意力不集中的理由　103

细节 47　妈妈工作也很累，但每天都有收获呀！
　　　　——耐心引导孩子排解学习压力　　　　　　　　　　105

细节 48　妈妈也有自己的梦想！
　　　　——为梦想坚持，是孩子注意力集中的动力之一　　　107

细节 49　对不起，刚才是妈妈情绪失控了！
　　　　——控制自己的情绪，不做孩子情绪的污染源　　109

细节 50　孩子，你的思想是独立且自由的！
　　　　——不强行把自己的思想塞给孩子　　111

细节 51　嘘！小点声，爸爸在学习哦！
　　　　——用行动告诉孩子专注学习很重要　　113

细节 52　今天跟爸爸去公司上班吧！
　　　　——带孩子去公司，让孩子看见家长专心工作的状态　　115

细节 53　你和爸妈是平等的！
　　　　——不向孩子展示家长权威，与孩子建立平等关系　　117

细节 54　你愿意帮妈妈分担一些家务吗？
　　　　——不过度呵护孩子，培养孩子注意力的稳定性　　119

第六章　自我管理：孩子注意力集中的长效保障

细节 55　今日事，今日毕！
　　　　——事有轻重缓急，让孩子提前做好规划　　122

细节 56　冲动容易犯错，千万不能冲动哦！
　　　　——培养强大的自制力，破解孩子注意力不集中的难题　　124

细节 57　生活无小事，每一件事都需认真对待！
　　　　——培养孩子认真做事的好习惯　　126

细节 58　没人监督，也要自觉做好自己的事！
　　　　——严于律己，培养孩子的自律性　　128

细节 59　你说到做到了，真棒！
　　　　——说到就要做到，做事才会更专注　　　　130

细节 60　我这身衣服是不是很奇怪呀？
　　　　——管理好自我形象，保护注意力不被干扰　　132

细节 61　做事要有始有终，不能半途而废！
　　　　——鼓励孩子直面挫折，坚持做好每一件事　　134

细节 62　成绩差不等于你很差劲！
　　　　——正确对待考试成绩，专注对待学习　　　　136

细节 63　没有不聪明的孩子，只有懒孩子！
　　　　——帮助孩子克服惰性，培养孩子的进取心　　138

细节 64　一分耕耘一分收获，学习没有捷径！
　　　　——只有专注学习，才能提升学习能力　　　　140

第七章　增强时间观念：提升孩子注意力的重要方式

细节 65　时间就是生命，浪费时间就等于浪费生命！
　　　　——克服拖拉、磨蹭陋习，提高孩子做事的注意力　144

细节 66　现在是练习书法的时间！
　　　　——做好时间规划，到了什么时间就专心做什么事　146

细节 67　准时就是帝王的礼貌
　　　　——培养孩子的守时意识，让其学会合理分配注意力　148

细节 68　你的时间你做主！
　　　　——适当放手，让孩子学会安排自己的时间　　150

细节 69　数学应用题太难了
　　　　——把困难拆开，分时逐步解决困难　　　153

细节 70　再赖床就赶不上旅游大巴啦！
　　　　——别让赖床扰乱计划，以免注意力受到影响　155

细节 71　沙漏里的沙还剩一半，你还能看半小时电视！
　　　　——借助沙漏等物件，帮助孩子增强时间观念　157

细节 72　时间都去哪儿了？
　　　　——注意力不集中的时候，时间也在溜走　　159

细节 73　好记性不如烂笔头
　　　　——巧借便利本记事，让孩子效率更高　　　161

细节 74　此刻就是最重要的！
　　　　——专注当下，才能拥抱美好未来　　　　　163

细节 75　把今天的作业都做完，你需要多久
　　　　——设定时间期限，专注、高效地完成学习任务　165

第八章　抓住兴趣，就是抓住孩子的注意力

细节 76　选一个你想学的兴趣班！
　　　　——兴趣班不在多，关键得问孩子是否喜欢　168

细节 77　你这是不务正业！
　　　　——不要否定孩子的兴趣　　　　　　　　　170

细节 78　你愿意做妈妈的书法老师吗？
　　　　——主动融入孩子的世界，引导孩子发展兴趣　172

细节 79　这是你画的吗？画得真棒！
　　　　——学会赞赏孩子的兴趣，以增强孩子注意力的稳定性　174

细节 80　这个问题问得很有深度！
　　　　——认真对待孩子的疑问，保护孩子的注意力　　176

细节 81　原来你对书法感兴趣啊！
　　　　——摒除功利心，从孩子的兴趣出发　　179

细节 82　实践才能出真知，要多用脑、多动手！
　　　　——鼓励孩子动手实践、动脑思考，为孩子播下兴趣的种子　181

细节 83　喜欢就去做吧！
　　　　——偷偷发展兴趣，是分散孩子注意力的催化剂　　183

第九章　趣味游戏：训练孩子集中注意力的法宝

细节 84　找不同
　　　　——训练孩子的视觉注意力　　186

细节 85　识别声音的方位
　　　　——训练孩子的听觉注意力　　187

细节 86　大声朗读
　　　　——训练孩子眼、耳、口的协调性　　189

细节 87　闭目单脚直立游戏
　　　　——训练孩子身体的协调性　　190

细节 88　传话游戏
　　　　——训练孩子的沟通能力和理解能力　　191

细节 89　趣味折纸
　　　　——训练孩子的注意力　　192

细节 90　一起来照镜子
　　　　——训练孩子的警觉性　　193

细节 91　逢6过
　　——训练孩子排解冲突的能力　　　　　　　　　　194

细节 92　文具盒里有什么
　　——训练孩子的记忆力　　　　　　　　　　　　　195

细节 93　有趣的拼图
　　——训练孩子的意志力　　　　　　　　　　　　　196

细节 94　一二三，木头人
　　——训练孩子的自控力　　　　　　　　　　　　　197

细节 95　大声说出你的步骤
　　——培养孩子的独立性　　　　　　　　　　　　　198

细节 96　我的时间，我说了算
　　——培养孩子的时间管理能力　　　　　　　　　　200

第十章　进行科学训练，有效提升孩子的注意力

细节 97　十秒之内你能记住几个姓名和电话号码？
　　——训练注意力的广度　　　　　　　　　　　　　202

细节 98　一起玩天女散花吧
　　——训练注意力的稳定性　　　　　　　　　　　　203

细节 99　故事的结尾你来说
　　——训练注意力的分配性　　　　　　　　　　　　205

细节 100　猜猜骰子在哪里？
　　——训练注意力的转移性　　　　　　　　　　　　207

第一章

注意力：智力的五个基本构成要素之一

注意力、观察力、记忆力、想象力和思维力是智力的五个要素，其中，注意力被称为心灵的门户，知识和技能都得通过这个门户才能被人们掌握和利用。可以说，注意力就像是智力的总开关，只有打开这个总开关，记忆力、观察力、想象力和思维力才能得到培养和巩固，孩子的智力之门才会被开启。

细节 1 集中注意力学习，效率会更高哦！
——注意力是孩子掌握知识与技能的关键钥匙

妈妈：儿子，学习的时候要集中注意力哦！这样你的学习效果会更好。

孩子：妈妈，什么是集中注意力？怎么集中注意力？

妈妈：嗯……说得简单点，就是学习的时候把你的心、眼、脑和手全都放在书本上，即心到、眼到、脑到和手到。

孩子：是不是说，我学习的时候只能学习，不能玩玩具、吃零食呢？

俄国著名教育家乌申斯基曾指出："注意力是我们心灵的唯一门户，意识中的一切必然都要经过它才能进来。"也就是说，只有孩子集中注意力，知识才能进入孩子的大脑，之后才有机会被孩子消化吸收，最终转化成为孩子自己的东西。注意力与学习的关系具体表现在以下两个方面。

1. 学习效率的高低，由注意力是否集中来定

有些孩子学习的时间很长，可成绩却很一般。家长们常常为此感到头疼，甚至会因此误以为孩子不是学习的料。其实，孩子的学习成绩与其学习时间的长短并不成正比。家长不能片面地以孩子学习时间的长短来评估其成绩是否优异。孩子能否把知识学进去，主要取决于他能否在学习时集中注意力。注意力越集中，学习时越坐得住，记忆力和思维力越能跟得上，学习效率就越高，学习成绩自然也就越好。

2. 注意力是孩子掌握知识与技能的关键钥匙

在孩子的教育投资方面，绝大多数家长是慷慨的，他们为孩子提供最好的学校、最贵的辅导班、最顶尖的学习工具、最舒适的学习环境，却忽视了注意力是孩子掌握知识与技能的关键钥匙。其实，不论是大人还是孩子，不管学什么，如果注意力不集中，都很难将所学知识消化并吸收，很难学有所成。

可怜天下父母心，每一位家长都希望自己的孩子能拥有扎实的学识，希望能为他们未来的人生道路奠定坚实的基础。然而，扎实的学识是需要孩子用心去学、去记、去思考的。家长能做的，只能是尽量帮助孩子集中注意力，让他学会如何去学、去记、去思考。

苏联作家切列巴霍夫在《和青年谈读书》中指出："天才——首先是不知疲劳的、目标明确的劳动，在一定事物上集中注意力的能力。"

哪怕是天才，也必须拥有集中注意力的能力。因此，家长在为孩子提供良好的学习条件和学习环境的同时，切勿忽视对孩子注意力的培养。如此，才不会使先前所有的努力都白费。

细节2 孩子,让妈妈少操点心吧!

——注意力与智力紧密关联,家长为此操心不已

妈妈:儿子,老师告诉妈妈你在课堂上扰乱纪律,随意打断老师的教学,影响其他同学上课,有这回事吧?

孩子:嗯,是的,妈妈,这是我做的。

妈妈:对敢作敢当这一点,你做得很好,妈妈很欣赏。你能告诉妈妈为什么要扰乱课堂秩序吗?

孩子:因为上课很无聊啊,我坐不住,总忍不住想要捣乱。

孩子上课坐不住、随意扰乱课堂秩序、做作业拖拉、考试粗心大意、做事丢三落四、被提问时总是一问三不知、遇到困难就情绪崩溃、常常半途而废……不管家长说多少遍,孩子依然不长记性,没有任何改变,这让很多家长操心不已。孩子之所以这样,都是因为注意力不集中。注意力不集中对其智力的危害很大,主要体现在以下两个方面。

1. 注意力无法集中，智力发展会受到限制

孩子的智力不是天生的，而是可塑的，且与注意力紧密关联。一般来说，知识与方法是塑造并提升孩子智力的关键基础，而孩子要掌握并运用知识与方法，首先要能够集中注意力。如果孩子的注意力无法集中，那就很难对知识与方法进行掌握和运用。注意力不集中对孩子的智力的塑造和提升都是不利的，会使孩子的智力发展受到限制。可以说，注意力是开启孩子智力之门的一把钥匙，注意力无法集中，智力发展就会受限。

2. 注意力不集中，智力会变迟钝

孩子注意力分散，不仅会影响孩子的学习成绩，还会危害孩子的智力发展，致使他们学习没有常性，记不住东西，思维逻辑混乱……长此以往，孩子的思维、身体都会产生惰性，智力也会慢慢变得迟钝，这些进而会影响孩子认知能力和学习能力的发展。

为了能让孩子健康地成长、成才，家长要注意培养孩子集中注意力的能力，以免孩子因注意力无法集中而影响其智力的发展。

细节 3 你的想象力真丰富!

——注意力集中可提升想象力,丰富创造力

妈妈:哇!宝贝,这是你画的吗?

孩子:是的,妈妈,您觉得我画得怎么样?

妈妈:画得很不错呀!你的想象力可真丰富!妈妈都想不到。

孩子:真的吗?

一般来说,孩子对新事物的好奇心会比较强,思维也比较跳跃,常常会产生一些天马行空的想法。这是孩子对生活的一种认识和思考的过程。在这个过程中,孩子的注意力越集中,想象力就越丰富,好奇心就越强,学习动机就越明确,学习能力就越强,创造力也就越容易被激发,这具体表现在以下两点。

1. 集中注意力,可以提升想象力

把注意力集中在学习上,不仅可以帮助孩子掌握所学知识,还能打开孩子的想象之门,提升孩子的学习能力和变通能力。对孩子来说,想象力是极其重要的,它是孩子爱上学习、主动探索的内在动力。因此，家长不可轻视孩子的想象力，更不要认为孩子的想象都是一些不切实际的想法。

2. 注意力是一种可以培养创造力的力量

有些家长认为，孩子的学习成绩越高，其创造力就会越强，其实这两者之间并没有必然的关联，而创造力与注意力却有一定的关系。在《注意力曲线》一书中，作者就指出："注意力是我们每个人在清醒时刻的唯一创造力。"另外，注意力集中可以提升孩子的想象力，而丰富的想象力在一定程度上可以激发孩子的创造力。

从某种程度上讲，集中注意力可以提升孩子的想象力，而且对孩子创造力的培养也有一定的积极作用。因此，家长在培养孩子想象力和创造力的过程中，务必要重视对其注意力的培养。

细节 4 你的思维方式很独特呢！
——注意力可以训练孩子的思维力

妈妈：儿子，这明明是一道解答题，可你为什么只写一个答案而没有步骤呢？

孩子：这很简单啊，因为我把步骤都省略了呗！您看啊，咱出门旅游时，能坐飞机就绝不坐高铁，能坐高铁就绝不选火车，这是因为飞机比高铁快，高铁比火车节省时间，我这一眼能看出题的答案，干吗还要费时费力去写步骤呢？

妈妈：你还别说，你这思维方式倒是很独特，我差点被你给绕进去了。

孩子：难道我说得不对吗？

思维力的范畴很宽，涵盖理解力、分析力、概括力、抽象力、推理力和判断力等，思维力的强弱便是这些范畴的综合反映。越能集中注意力的孩子，对知识的掌握和方法的运用能力越强，思维力也越强，理由如下。

1. 集中注意力，才能突破固定的思维方式

孩子的思维方式并不是固定的，家长不要把孩子的思维方式框在教科书的标准步骤上，这对孩子思维力的扩展是极其不利的。只有突破固定的思维方式，孩子的创造力、思维力才会更强，而能否突破则主要取决于孩子的注意力是否集中。注意力集中的孩子，不论是在学习还是在做事时，思维都是活跃的。他们会不断地反思、创新，立足于标准方法而又不囿于标准思路。在这个过程中，思维力便得到了增强。

2. 注意力集中的孩子，不易产生惰性思维

注意力集中的孩子，做事往往不会三心二意，更愿意主动地去深入学习和思考。在这个学习和思考的过程中，他们的知识面会不断地得到拓展和提升，思维力的深度和广度也会得到一定的训练，从而不易产生惰性思维。

其实，固定的思维方式和惰性的思维方式对孩子创新、创造以及解决问题的能力的养成都是极其不利的，而集中的注意力不但可以帮助孩子突破固定思维方式，还能在一定程度上避免孩子产生惰性思维方式，使孩子的思维力得到一定的锻炼。因此，家长在培养孩子思维力时，切不可忽视注意力的重要性。

细节 5 你的记忆力真好！

——注意力决定记忆力，是学习效果的重要保证

妈妈：儿子，你这记忆力不错嘛！几分钟就能背下一首词了。

孩子：妈妈，只要您集中注意力去理解词人想表达的意义，带入词人的情感，您也能在几分钟内记住一首词。

妈妈：这么说来，记忆力和注意力之间还有关系呢！

孩子：那是当然，要想记住一个知识点，首先要做的就是集中注意力。

记忆力是学习知识和掌握技能的基本前提。记忆力好的孩子，学习、掌握新知识和新技能的速度会更快。记忆力的好坏与注意力集中与否有着非常密切的联系。一般情况下，注意力稳定性越强，记忆力就越持久，反之亦然。

1. 注意力是记忆力的基础，记忆力是注意力的结果

注意力不集中的孩子，思维总是不活跃的，心思也总不在眼前

正在做的事上,常常是做着这件事,想着那件事,做的和想的总是不相干,最终导致正在做的事做不好、正在记的东西记不住,从而成了"记性差"的孩子。因此,注意力若不集中,记忆力就会受到影响。

2. 注意力和记忆力是孩子学习效果的重要保证

诚然,孩子学习效果的好坏与其花在学习上的时间有着密切的关系,但最终能够保证孩子学习效果的,还是孩子的注意力和记忆力。其实,孩子能够感知外部信息,认识新事物,更多的是得益于他的注意力和记忆力。可以说,良好的注意力和记忆力是孩子学习各科知识的基础工具,对于提升孩子的知识储备能力具有很大的促进作用。

美国教育家爱德华兹曾指出:"锻炼记忆力的良好方法是锻炼自己的注意力。"也就是说,锻炼孩子的注意力有助于提升孩子的记忆力。因此,家长在采取有效对策提升孩子注意力的同时,也是在锻炼孩子的记忆力,最终为提升孩子的学习效率提供了重要保障。

细节6 你观察得很仔细哦!

——观察力与注意力相辅相成,互相成就

妈妈:宝贝,从你的这篇作文可以看出,你对咱家猫的一举一动观察得很仔细啊!

孩子:我可是盯着咱家猫观察了好久哩!

妈妈:难怪,连猫咬你作业本时先用嘴还是先用爪都写得一清二楚,观察确实很用心,值得表扬!

孩子:妈妈,我跟您说,我发现咱家猫喜欢用爪子抓它的鼻尖,您说猫的鼻尖为什么总痒啊?

苏联教育家苏霍姆林斯基曾指出:"观察对于儿童之必不可少,正如阳光、空气、水分对于植物之必不可少一样。在这里,观察是智慧的最重要的能源。"由此可见观察力对于智力的意义。观察力是智力的源泉,是打开孩子智力之门的关键。而注意力不集中的孩子,其观察力的敏锐性必然会大打折扣。观察力并不只是简简单单地去看,还要去想、去听、去闻、去尝、去思考,它影响孩子的注意力、记忆力、思维力、想象力等多个智力因素,是家长不能忽视的孩子的一个基本能力。

1. 注意力是观察力的基础

观察的过程其实是一个通过现象发现本质的过程，是需要孩子边观察、边联想、边思考的，这就对孩子的注意力提出了很高的要求。孩子在观察事物的过程中，只有保持注意力高度集中和稳定，才能较好地把握事物的基本特征，更加深刻地认识事物的本质，从而去发现和创造更多的可能。可以说，注意力是观察力的基础。

2. 敏锐的观察力，需要稳定、持久的注意力

要想通过观察事物的表面获取事物的本质，就要拥有足够敏锐的观察力。对于那些注意力只能保持短暂集中的孩子来说，想拥有足够敏锐的观察力会很难，主要是因为如果孩子无法保持稳定、持久的注意力，他很可能会被事物的表面蒙蔽，这不利于训练他的观察力。

其实，观察力和注意力是相辅相成、互相成就的。注意力是观察力的基础，而观察力可让孩子注意力的指向性更明确，从而能够迅速集中。此外，孩子敏锐的观察力离不开其稳定、持久的注意力，而稳定、持久的注意力对孩子的观察效果又是大有用处的。因此，家长在对孩子的观察力进行训练时，务必要关注孩子的注意力。

细节 7 你学习效率很高哦!

——注意力集中,学习效率高

妈妈:儿子,邻居家的孩子跟你一个班,人家每天晚上九点之前,就已经把所有作业写完了。你看看你,每天不是写到十一点,就是写到十二点,都有黑眼圈了。你说说,这同样多的作业,你怎么就比人家慢那么多呢?

孩子:人家比我聪明呗!

妈妈:儿子,咱能不能找找其他原因呢?

孩子:哎呀,妈,我一个题目都要读几遍才能搞懂题意,能在十一二点完成作业就已经很不容易了。

同在一个班,同样的作业,为什么有的孩子九点钟就做完了,而有的孩子却要做到十一二点,甚至更晚呢?因为有的孩子学习效率高,有的孩子学习效率低。可为什么孩子的学习效率会有高有低呢?这就得问问孩子学习时的注意力是否集中了。

1. 注意力不集中，知识入眼不入心

一道数学题，孩子反反复复读了无数遍，依然没弄懂题意；一个英语单词，孩子翻来覆去地拼写了无数遍，一合上书，依然无法正确拼写；一道看图写话题，孩子盯着图片看了半天，依然写不出一句话来；一首古诗词，孩子有感情地读了无数遍，依然背不下来，更别说理解古诗词的意思了……以上所提到的各种情形，都是孩子学习效率不高的表现。

与孩子不愿意学习、不爱学习相比，更让家长感到头疼和无奈的，就是孩子的学习效率低下。

其实，孩子学习效率的高低主要是由学习时注意力是否集中决定的，学习时注意力不集中，知识入眼不入心，学习效率自然也就不高。

2. 唤醒孩子的注意力，让知识入眼又入心

孩子是否有集中注意力的意识，直接决定了他能否把知识看进眼里，学进心里。知识入眼又入心，能直接提升孩子的学习效率。由此可见，唤醒孩子的注意力十分重要。

唤醒孩子注意力的方法有很多，家长应结合实际情况，选择适合自己孩子的方法。比如，教孩子确定清晰的目标，让孩子放松大脑，指导孩子管理时间……只要是能够唤醒孩子的注意力又不伤害孩子身心健康的方法，家长都可以尝试一下。

松下幸之助曾说过："忙碌和紧张，能带来高昂的工作情绪；只

有全神贯注时,工作才能产生高效率。"实际上,不论是大人工作,还是孩子学习,要想提高效率,都必须全神贯注。

在平时的学习和生活中,家长要有意识地去唤醒孩子的注意力,让孩子在潜意识里知道集中注意力很重要,从而让孩子在学习、做事时保持高度集中的注意力,进而提高孩子学习和做事的效率。

细节 8 **你真勇敢，一点儿都不紧张！**
——集中注意力给人自信，自信消除紧张

> 妈妈：儿子，明天就是期末考试了，紧不紧张？
> 孩子：不紧张，万事俱备，就只差进考场了。
> 妈妈：哎哟，很勇敢嘛！一点儿都不紧张！
> 孩子：必须的，这点儿自信我还是有的。

对于孩子来说，自信是他主动学习的内在动机。孩子对学习越有自信，就越喜欢学习；越喜欢学习，注意力就越集中，学习能力就越强。可是，孩子的自信从哪里来呢？显然，自信不是与生俱来的，也不是家长、老师能给的，而是通过训练集中注意力获得的。

1. 自信从注意力中来

考前紧张、焦虑，考试时无法发挥正常水平，考后伤心自责，孩子的这种不自信的表现常常让家长头疼不已。为了增强孩子的自信，家长给孩子报了各种辅导班，但都收效甚微。孩子依然没自信，甚至还变得更加自卑。其实，孩子考试之所以会过度焦虑、紧张，是因为知识学得不扎实，害怕考不好，在这种心理作用下参加考试，注意力自然无法集中在考题上；而学习时注意力不集中又会导致所学知识不扎实。如此看来，要想增强孩子的自信心，还得先从培养孩子的注意力抓起。

2. 自信是学习的内在动力

孩子越自信，越能正面应对各种挫折，越能排除周围干扰，集中注意力去学习；反之，孩子越没自信，越难以掌握并吸收知识，学起来就会比较吃力，学习动力也会不足，学习时注意力也难以集中。因此，树立孩子的学习自信心是家长让孩子爱上学习、主动学习的必然前提。

塞内加曾指出："缺乏信心并不是因为出现了困难，而出现困难倒是因为缺乏信心。"

在孩子成长的道路上，或多或少都会遇到困难。在困难面前，自信的孩子总能集中注意力去解决困难，应对困难时不慌乱，思路清晰，沉着冷静；不自信的孩子则会被困难吓倒，容易悲观、焦虑，无法集中注意力去思考解决困难的方法，变得更加自卑。如果说注意力集中能给孩子带来自信，那自信则是消除孩子紧张，使孩子变得更加专注的重要法宝。

细节 9　你会收拾自己的房间啦！

——专注做事的孩子，独立能力更强

妈妈：哇！你会收拾自己的房间啦！不错哦！

孩子：妈妈，您看我收拾得怎么样？

妈妈：床上物品摆放得很整齐，书桌很干净，地面无杂物，衣物都挂起来了，妈妈觉得你收拾得很棒呀！

孩子：真的吗？我这么厉害吗？

独立是孩子成长道路上必备的一种能力，是孩子适应新环境、生活自立、学习自主的基本保障。一般来说，孩子做事越专注，即注意力越集中，独立能力就越强。

1. 做事不专注，不利于培养孩子的独立能力

如果孩子做事时不专注，一来会浪费宝贵的时间，降低做事效率；二来会间接分散孩子的注意力，使孩子养成做事拖拉的不良习惯。这对孩子的独立能力和注意力的培养都是非常不利的。

2. 集中注意力的孩子，独立能力强

孩子的独立能力，包括生活自立和精神自立，是需要不断地去学

习知识、运用技巧和逐步实践才可获得的。培养孩子的独立能力不是简单地给孩子一个独立的生活、学习空间，而是让孩子集中注意力去学习或做事，在专注做事的过程中，孩子的学习能力、自理能力和实践能力得到不断的锻炼和提升，进而独立能力也得到了增强。

让孩子处理家务，不是为了减轻家长的负担，而是为了培养孩子的独立能力。孩子在做家务的过程中，需要集中注意力才能把家务做得达标，这就要求孩子边观察、边思考，这无疑是对孩子的观察能力、学习能力和思维能力的一种锻炼。

苏联教育家苏霍姆林斯基曾指出："不能总是牵着他的手走，而还是要让他独立行走，使他对自己负责，形成自己的生活态度。"因此，家长要学会放手，凡是孩子力所能及的事情，都让孩子去试、去做，给孩子独立的机会，从而让他对生活形成自己的见解和态度，能够独立处理自己的事情，快速适应新环境，变得更加专注、自信和勇敢。

细节 10 妈妈再也不用每天催你做作业了!

——打开注意力总开关,提升孩子的自觉力

妈妈:宝贝,你最近学习很自觉嘛!

孩子:因为我长大了,没有妈妈监督也能自己完成作业了。

妈妈:真棒!以后妈妈就不用每天都催着你做作业了!

孩子:嗯,妈妈放心吧,我很自觉的。

什么是自觉力?简单来说就是自己主动去做某事,并表现出负责任的态度的一种能力。注意力分散的孩子,自觉力通常较差。这是因为注意力分散的孩子,本身就很难将注意力集中起来,进而更难在没人监督的情况下自觉地去完成自己的事情。家长可以通过下面两种方法来培养孩子的自觉力。

1. 打开注意力总开关,锤炼自觉力

注意力就像是一个总开关,控制着孩子的自觉力、观察力、记忆力、思维力、想象力和自控力等。注意力这个总开关一旦打开,孩子就会自觉地投入到学习、任务中来。时间久了，孩子的自觉力就会增强，即便没有大人的监督，也能自觉地去做自己该做的事。

2. 增强孩子的责任意识

孩子的自觉力直接和他的责任意识相关联。自觉力强的孩子，往往会有很强的责任意识，他们会全身心地投入所做的事情中，并认真、高效地完成。反之，自觉力弱的孩子，常常需要大人不断地提醒、催促才会磨磨蹭蹭地去做事，而且做事时总是心不在焉的，大有一种敷衍的态度，责任意识淡薄。因此，家长可以通过增强孩子的责任意识来提升孩子的自觉力。

培养孩子的自觉力，不仅可以减轻家长的负担，还可以增强孩子的独立能力和责任意识。要知道，独立能力和责任意识是一个人在社会上生存和发展必备的基本品质。

梁漱溟在《吾人的自觉力》中指出："一个人缺乏了自觉的时候，便只像一件东西而不像人，或说只像一个动物而不像人。"由此可见，人是不能没有自觉力的，否则和东西、动物就没什么两样了。而要想提升孩子的自觉力，增强孩子的独立能力和责任意识，家长就得先打开孩子注意力这个总开关，使孩子的自觉力得到锻炼。

第二章

注意力不集中,必然有根源

孩子注意力不集中,并非是无缘由的,这其中往往存在某些诱因。本章主要介绍了导致孩子注意力不集中的几个因素,如教育方式、兴趣投资、家庭环境、父母榜样和学习压力等。当然,除了本章所罗列的诱发因素外,导致孩子注意力分散的因素还有很多,这需要家长不断地去挖掘和总结,从而更好地帮助孩子养成集中注意力的好习惯。

细节 11 孩子不打不成器!
——小心"棍棒教育"打散孩子的注意力

妈妈：宝贝，妈妈现在要给你道歉，妈妈动手打你，是妈妈做得不对，对不起，妈妈以后会尽力克制情绪的。可是，你知道妈妈为什么会打你吗？

孩子：因为当着客人的面，我没有洗手就直接抓菜吃，甚至还想抱着汤盆喝汤，是我先没礼貌，妈妈才会打我。

妈妈：好孩子，那你会因为妈妈打你而不理妈妈吗？

孩子：妈妈，这件事是我做错了，我以后不会这样了。

孩子犯错误了，到底要不要打？这是一个仁者见仁，智者见智的问题。有些奉行"棍棒教育"的家长会说："犯错了就该打，不打孩子不会长记性，以后还会再犯同样的错误。"在这里，我们要提醒奉行"棍棒教育"的家长们注意，不要因为惩罚孩子的小错误而打散了孩子的注意力。为什么我们会发出这样的提醒呢？

1. 棍棒教育是对注意力最大的冲击

孩子的身心是否健康与孩子的注意力是否集中之间有着直接的联系。一个身心健康的孩子要比一个身心有缺陷的孩子更能集中注意力，更能专心投入到学习中。"棍棒教育"会给孩子的身心造成伤害。比如：父母经常打孩子难免会打伤孩子，给孩子的身心带来痛苦，疼痛感会直接分散孩子的注意力；父母经常打骂孩子会导致孩子敏感、多疑，孩子会因为担心犯错被惩罚而无法专心做事。孩子一旦无法集中精力去做事，就很难在学习、生活中获得成就感，很容易因此去否定自己，这会直接影响孩子的健康成长。

2. 压抑情绪导致注意力分散

孩子的情绪往往是不动声色的，父母稍不留心，就可能忽略孩子的情绪。经常被打骂的孩子往往会极度缺乏安全感，情绪波动会比较大，这极易分散他们的注意力。很多时候，孩子迫于父母的权威，只能选择把委屈憋在心里，久而久之，就会出现压抑、急躁的心理，而这些心理又会通过注意力分散表现出来。

不管家长愿不愿意承认，"棍棒教育"都是一种偷懒的教育方式，甚至有时候会变成家长向孩子展示权威、发泄不满的方式，这种方式会给孩子的身心带来巨大的伤害，严重的话，会给孩子留下一生的阴影。的确，家长"恨铁不成钢""望子成龙""望女成凤"等心理都是可以理解的，但孩子不是家长任意打骂的工具，他们是有思想、有灵魂的个体。因此，家长最好不要在孩子的教育方式上偷懒，不要随便打骂孩子。

赏能教育法创始人、教育专家王立宏认为，打孩子是一门学问，薛蟠该打，林妹妹就要慎重。他说，薛蟠犯了错，不打不足以使其改正，但若林妹妹违规，贸然实施"棍棒教育"，只会使问题更加严重与复杂化。通过打孩子能否收到预期教育效果是决定是否采用"暴力手段"的唯一标准。

王立宏并没有一棒子否定"棍棒教育"，他的意思是要因人而异，要考虑到打完、骂完孩子之后的教育效果。其实，大部分家长打骂孩子的出发点是为了让孩子变得更好。但是打骂孩子解决不了问题，反而有可能将孩子的注意力硬生生地打散。其实，比起直接打骂，父母与孩子一起制定规则，一起遵守规则，更有利于孩子的身心健康发展，更能培养孩子的注意力。可怜天下父母心，我们希望每一位父母都能找到适合自己孩子的教育方式，为孩子的未来发展打下坚实的基础。

细节 12 放学后要上英语辅导课哦!
——过多的兴趣班容易分散孩子的注意力

孩子：妈妈，今天的英语辅导课好长哦！

妈妈：怎么会呢？每次上课的时间都是一样的呀！

孩子：那就是今天的时间过得好慢！哦，不对，是最近的时间都过得好慢！

妈妈：你这孩子，上课上糊涂了吧，时间怎么会变慢呢？

花钱给孩子报各种兴趣班，是父母对孩子智力的一种投资方式，目的是让孩子全面健康地发展。但很多时候，这些兴趣班的投资非但没收到家长预期的效果，反倒使孩子的注意力变得越来越不集中。这是为什么呢？

1. 过多的兴趣班会导致孩子压力过重，容易分散孩子的注意力

不知从什么时候起，兴趣班成了孩子的"标配"。一些家长更是秉持着多报一个兴趣班，孩子就能多掌握一项技能，就会在某一方面比其他孩子更优秀的原则，为孩子报了多个兴趣班。殊不知，过多的

兴趣班会导致孩子压力过重,直接加剧孩子注意力不集中的风险。

2. 过多的兴趣班容易使孩子过度疲劳,进而导致孩子注意力下降

我们相信每一个家长都知道"兴趣是孩子最好的老师"。的确,当孩子去做自己感兴趣的事情时,他的注意力会非常集中,学习能力也很强。但是,家长必须清醒地认识一点,即每一个孩子的精力都是有限的,切勿盲目跟风为孩子报兴趣班,以免因为给孩子报的兴趣班过多而导致孩子过度疲劳,致使孩子的注意力下降。

3. 过多的兴趣班可能会使孩子产生抵触、厌学情绪,不利于孩子注意力的集中

有些家长之所以给孩子报各种各样的兴趣班,如游泳、轮滑、武术、口才演讲、画画等,是因为他们觉得这些兴趣班不大费脑筋,孩子可以一边玩一边学。事实并不是这样的,任何兴趣班都需要孩子动脑,而且家长对孩子兴趣班的表现和成绩是有要求的,这无形中就给孩子带来了很大的压力。当压力大到一定程度时,孩子就会对兴趣班产生抵触情绪,这种情绪对孩子注意力的集中是不利的。

兴趣班之所以被称为兴趣班,必然是因为孩子对其感兴趣。换句话说,只有孩子感兴趣的班,才能称之为兴趣班。孩子只有对兴趣班的课程感兴趣,他才会专注地去投入,才会不断地去思考,才会努力将兴趣发展成自己的技能。因此,家长在为孩子报兴趣班时,可以事先征询孩子的意见,看看他是否感兴趣,以免给孩子注意力的发展带来不好的影响。

细节 13 抬头电视、电脑，低头手机、电子游戏
——这样的家庭环境叫孩子怎能不分心

妈妈：宝贝，你最近做作业时怎么总是一副心不在焉的样子，你在想什么呢？

孩子：妈妈，我也不知道为什么，脑子里总是出现各种各样的电视节目和抖音小视频的画面，根本无法把注意力集中到课本上。

妈妈：哦！注意力不集中的话就没法好好学习了呢！你的脑子里为什么会出现这些画面呢？

孩子：咱家那电视每天一回来就开着，我想不看都难；一闲下来您就刷抖音，您刷的时候我也会看，然后就把这些画面记在脑子里了。

当今社会，电视、电脑和手机几乎成了每个家庭的标配，它们使人们的生活变得更加丰富多彩。但是，它们在一定程度上也给人们带来了很大的困扰，尤其是对有孩子的家庭，抬头电视、电脑，低头手机、电子游戏的家庭环境对孩子的诱惑力极大，容易让孩子分心，不

利于培养孩子的注意力，具体表现如下。

1. 降低了孩子注意力的稳定性和持久性

毋庸置疑，电脑确实可以一键解决我们的疑惑。不仅如此，它还能快速为我们提供更专业、更全面的资料，也正因为如此，不少孩子对电脑产生了依赖性，遇到问题就上网搜索答案，懒得去思考，这导致了孩子注意力不易集中。而电视画面丰富多彩，情节有趣且生动，可以轻而易举地博得孩子的喜爱。然而，剧情的发展要比现实生活快，电视画面根据剧情的需要而快速切换，再加上声音、光线等的刺激，会直接影响孩子大脑的发育，降低孩子注意力的稳定性和持久性。

2. 让孩子的感官反应变得更加迟钝，注意力难以集中

电视、电脑、电子游戏机、手机、智能学习机等电子产品为孩子营造了一个电子媒体环境。在这个环境中，孩子可以抓住任何碎片化的时间来感受虚拟而快速的世界，这对注意力并不稳定的孩子来说是弊大于利的。最直接的表现就是，孩子的感官反应变得越来越迟钝，如对周围声音、色彩的变化没有反应，这直接导致孩子的注意力越来越难以集中。

新西兰科学家发表的一项报告指出，不管是男孩，还是女孩，如果他们每天观看电视的时间超过两小时，那么，他们在青春期出现注意力障碍的概率就会增加大约40%。

由此可见，看电视、玩电脑、看手机、打电子游戏的时间越长，孩子出现注意力障碍的概率就越大，这对孩子的身心健康、未来发展都是非常不利的。因此，我们建议父母给孩子一个明确的指令，规定好玩手机、看电视、用电脑的时间，引导孩子正确并合理地使用电子产品，并为孩子营造一个有利于集中注意力的环境。

细节 14 我的鞋去哪儿了?

——乱糟糟的家庭环境易分散孩子的注意力

> 孩子:妈妈,我昨天穿的鞋去哪儿了?我怎么找不到了呢?
>
> 妈妈:妈妈的鞋也只找到了一只,还有一只也不知道去哪儿了?
>
> 孩子:妈妈,咱家真的是太乱了。
>
> 妈妈:是啊,但是妈妈最近真的很忙,没有时间收拾家!

孩子的注意力是否集中,并不全由他们自身的因素决定,还受到很多外在因素的影响,而家庭环境就是其中一个因素。家庭环境是否干净整洁,直接关系到生活在家里的所有人的注意力是否集中,尤其是对注意力尚不稳定,又没法好好集中注意力的孩子影响更大。一个家的环境越糟糕,就越容易分散孩子的注意力,越不利于孩子注意力的培养,具体表现在以下几个方面。

1. 凌乱的家庭环境分散了孩子的注意力

一些家长由于工作繁忙等原因,难以给孩子创造干净舒适的家庭环境；还有一些家长只关心孩子有没有受到外在环境的影响，根本不在乎家里的具体环境。基于这些因素，一些家庭的环境十分糟糕，这对于好奇心强、注意力稳定性差的孩子来说，无疑是不利于其集中注意力的。家长可以试着去做一个假设，假设自己正坐在乱七八糟的杂物堆里工作，你的视线会落在哪里呢？如果你的视线很难落在工作上，那孩子的视线又怎么会集中在书本上呢？

2. 注意力被没找到的物品分散了

如果物品被随意放置，那在重新使用这些物品的时候，就必然会花时间去寻找；而且这些被随意放置的物品，会给人们的日常行为、思想、注意力等带来一些负面的影响。试想一下，当孩子做作业时，脑子里总在想"我的鞋放哪儿了？""我的白T恤呢？""我上周买的记号笔呢？"那他的心什么时候才能静下来，他的注意力什么时候才能集中在学习上呢？

家庭环境乱糟糟的原因各不相同，可即便是有千万条合理的理由，最终导致的后果必然都包括影响孩子注意力的集中这一项，而恰好这一项是开启孩子智力之门的钥匙，是孩子学习一切的基础，是需要家长用心培养和呵护的。因此，每一位家长都不应该忽略家庭环境对孩子注意力培养的影响。

家长大都是伟大且无私的，凡是对孩子有益的，大多数家长都会努力去争取。基于此，我们相信，大多数家长都愿意花时间去整理乱糟糟的、会让孩子注意力开小差的家庭环境，努力为孩子营造一个干净整洁的、利于集中注意力的家庭环境。

细节 15 爸爸，要不您在外面打完电话再进来？

——嘈杂的家庭环境不利于孩子集中注意力

> 孩子：爸爸，因为您打电话，我都没法专心学习了！要不您先去外面打电话，打完再回来？
>
> 爸爸：啊，对不起，孩子，爸爸打扰到你学习了，爸爸不打了，爸爸下次会注意的。
>
> 孩子：嗯，谢谢爸爸。
>
> 爸爸：好孩子，爸爸已经把手机调静音了，你可以专心学习了，爸爸也在旁边看会儿书。

你是否见过这样的情景：孩子正在学习，家长在一旁嗑瓜子、闲聊天；孩子在房间做作业，家长在客厅看电视；孩子在专心做题，家长在一旁大声接打电话……很显然，这种嘈杂的家庭环境并不利于培养孩子的注意力，是需要家长去注意和改善的。那么，嘈杂的家庭环境是如何影响孩子的注意力呢？

1. 嘈杂的家庭环境可能会中断孩子的注意力

有些家长认为，在嘈杂的环境中写作业，可以训练孩子的注意力。针对这一点，我们并不否认，但我们要提醒家长，这是有前提的。这个前提可能会是孩子的年龄，也可能会是场合、时间、嘈杂的方式等。而在一般情况下，家庭环境越嘈杂，孩子的注意力就越不易集中。

2. 嘈杂的家庭环境剥夺了孩子注意力的养成时机

在外工作一天的家长，晚上回到家都希望有一个放松的环境，可以大声说说话、哼哼歌、看看电影等，这些都是人之常情，是可以理解的。然而，晚上正是孩子做作业的时间，是孩子注意力养成的一个重要时机。此时，家长若是贪图一时的自由，在家里制造各种声音，那难免会因此而剥夺了孩子注意力的养成时机，影响孩子注意力的形成与发展。

没有哪位家长希望看到孩子的注意力无法集中或被中断，也没有哪位家长想要错过孩子注意力的养成时机，只不过有些家长没有意识到嘈杂的家庭环境会影响孩子注意力的集中而已。因此，家长首先要有这个意识，而后再去改变嘈杂的家庭环境，为孩子的注意力养成创造一个良好的环境，保护孩子的注意力。

细节 16 妈妈，您看我，您看我呀！

——为了博取关注，孩子的注意力会被分散

孩子：妈妈，您看我，您看我呀！我能让笔转圈圈跳舞呢！

妈妈：你这孩子，能不能专心做作业啊！让笔转圈圈跳舞能有啥出息。

孩子：妈妈，您看嘛看嘛！很好玩的！

妈妈：去去去，好好做作业，妈妈这儿还有一堆事儿呢！

随着孩子一天天长大，孩子会做的事慢慢变多，家长变得轻松了许多，不再像之前那样小心翼翼、无时无刻地围着孩子转了。而一些孩子因家长态度的转变而导致心理有了落差，总是想方设法地去博取家长的关注，从而在学习、玩耍时总分心，久而久之，孩子的注意力就经常分散。那么，孩子的注意力怎么被博取关注分散了呢？

1. 注意力被博取关注的方法分散了

一些孩子为了博取父母的关注，可谓使尽了浑身解数！一哭二闹三装病，轻轻松松就可博得父母的关注。然而，孩子为了博取父母关注而使用的这些方法，常常会分散孩子的注意力。试想一下，如果孩子在学习、做事时，总想着怎么才能博取父母的关注，那他的注意力还会集中在学习或正在做的事情上吗？因此，在孩子用哭闹、生病等方法博取关注时，家长不能简单地认为是孩子不听话，以致忽视了这种现象对孩子注意力所产生的消极影响。

2. 博取关注的结果可能会"偷走"孩子的注意力

孩子想方设法地博取关注，自然希望得到父母的回应和关心。当父母没有做出相应的回应或给出的回应不是孩子想要的，那孩子的内心就会感到失落，有的甚至会因此得出"爸妈不爱我了"的错误结论，从而失去了安全感，进而直接分散了自己的注意力。由此可见，孩子博取关注的结果也很重要，孩子的注意力很可能会被这个结果"偷走"。

孩子往往通过父母的行动和语言来判断父母是否爱自己，博取大人的关注是他们没有安全感的一种表现，而博取大人关注的方法则会分散他们的注意力。当孩子做什么都先考虑怎么博取家长的关注时，他的注意力就分散了，就很难再专心做事了。

总的来说，家长应该努力为孩子建立安全感，让孩子明白他并不需要用哭闹来博取大人的关注。另外，家长还要及时回应孩子的请求，以免冷落了孩子，给孩子的思想、心理造成不良影响，以致分散孩子的注意力。

细节 17 别催我，越催我越紧张！

——不停地催促，只会干扰孩子的注意力

妈妈：宝贝，你能告诉妈妈为什么收拾屋子要花这么长时间吗？

孩子：没收拾前不知道，一收拾才发现要整理的东西太多，好多东西都不知道放在哪里好，然后我就放过来放过去，时间就这么过去啦！

妈妈：原来是这样啊，不过下次你可以问妈妈哦，这样可以节省时间去做你想做的事。

孩子：好的，以后我多观察妈妈怎么归置物品，我相信总有一天我会把屋子收拾得整整齐齐、漂漂亮亮的。

为了培养孩子的自理能力，一些家长会让孩子帮忙做一些家务事。在这个过程中，有些家长因为孩子拖拖拉拉、慢慢悠悠的行事方式而着急，他们会不自觉地催促孩子，让孩子加快速度。殊不知，被家长这么一催，孩子的注意力就分散了，手脚也乱了，事情也就越做越糟糕。我们建议家长不要在孩子专注做某事时去催促他，主要原因如下。

1. 不停地催促会干扰孩子的思路，打乱孩子的注意力

孩子的注意力一旦被干扰，他的思路也就跟着乱了，也就很难再专注做事了。有些家长可能会说，孩子做事的速度简直比龟速还要慢很多，不催一催他，怎么能提升他做事的效率呢？事实上，一个人做事效率的高低主要在于他能否集中注意力，注意力越集中，做事就会越专注，效率也就会越高。所以，家长理应把培养孩子的注意力放在第一位，一旦孩子的注意力集中了，做事的效率就会逐渐得到提升的。

2. 不停地催促会给孩子制造紧张气氛，以致分散孩子的注意力

诚然，适度的紧张可以激发孩子大脑的专注度，但是，家长不停地催促会导致孩子过度紧张，给孩子造成极大的心理压力，致使孩子被紧张的氛围和情绪干扰，进而严重地分散了孩子的注意力。

3. 不停地催促会降低孩子注意力的持久性

有些家长觉得，我催促孩子是为了告诉孩子他需要做什么，我这是在帮助他。但是，这些家长忽略了一个很重要的问题：经他们这么一催促，孩子原本集中的注意力就被分散了，被催促的次数多了，孩子的注意力的持久性就会被强制降低，这对孩子的学习、成长都是非常不利的。

家长之所以会不停地催促孩子，主要还是想让孩子变得更优秀，这本来无可厚非。不过，家长在催促孩子的时候，一定要把握好度，最好点到为止，切记不要不停地催，以免给孩子制造紧张感，扰乱孩子的注意力。

细节 18 我怕老师、同学不喜欢我!
——孩子害怕社交,其注意力易被分散

孩子:妈妈,我不想去新学校。

妈妈:为什么呢?你能告诉妈妈原因吗?

孩子:我怕老师、同学都不喜欢我!

妈妈:傻孩子,老师、同学怎么会不喜欢你呢?你在先前的学校就很受欢迎的嘛!

害怕社交的孩子,大多都很在乎别人看待自己的眼光。他们的内心缺乏安全感,注意力随时都可能被他人的某些语言或行为分散。如果孩子过分自卑,害怕社交,这对他集中注意力是极其不利的,理由如下。

1. 孩子过分自卑,其注意力常被自己的不足分散

有些孩子不爱说话、见老师就躲、总是独来独往等,并不都是因为内向害羞,还可能是因为害怕、自卑。这些因为害怕和自卑而不敢说话的孩子,大多都比较敏感,注意力总会被自己的不足分散。在面对新环境、新老师、新同学、新挑战时,他们常常会因为过于关注自

己的不足而无法集中注意力去应对新事物。

2. 害怕社交，会干扰注意力的有效分配

一般来说，在个人精力有限的情况下，注意力集中在某件事情上的时间与这件事最终会取得的成果是成正比的，前提是要保证注意力集中。害怕社交的孩子，注意力大都集中在害怕和自我怀疑中，如"害怕遇到某某某""会不会遭到他人嘲笑""不被喜欢怎么办""没人搭理我怎么办"……因此，即便他们节省了花在社交上的时间，也无法很好地将注意力集中到学习或其他更有意义的事情上。

不敢主动跟老师打招呼、没有什么好朋友、天天宅在家里、从不跟父母谈自己的朋友或同学等，都是一些孩子害怕社交的常见表现。

苏联心理学家扎采宾指出："没有交往，人类连最简单的活动也不可能进行。"由此可见，社交对每个人都很重要，对于尚且还在培养注意力的孩子来说更是如此。因此，家长务必要重视孩子的社交状态，及时给害怕社交的孩子提供必要的帮助，以帮助他们更好地将注意力集中到学习或其他事情上。

细节 19 爸爸也这样,怎么不去管他呢?
——父母没给孩子树立专注做事的榜样

妈妈:你能不能不要一边吃饭一边看电视啊,吃完饭再看不行吗?

孩子:爸爸还一边吃饭一边玩手机呢!您怎么不说他呢?

妈妈:爸爸是大人嘛!

孩子:大人就更应该管了,大人得为小孩树立榜样。

家长对孩子的教育不能只局限在给孩子提供吃穿用度,为孩子提供学习、娱乐、生活的场所等方面,还应该以身作则,用实际行动做孩子的榜样。当家长要求孩子专注做事或专心学习时,不妨先问问自己有没有做到,然后再从孩子身上去找原因,这样才能更好地引导孩子集中注意力。在培养孩子的注意力方面,我们希望家长为孩子做好榜样,理由如下。

1. 家长不专注,就莫怪孩子注意力不集中

家长是和孩子相处时间最长的人,是孩子言行举止、为人处世的

启蒙老师。可以说，孩子就是家长的一面镜子，孩子的一言一行都受到了家长潜移默化的影响。试想一下，如果家长总是一边看书，一边吃零食，或者一边吃饭，一边追剧……那如何能说服孩子专心做作业或做事呢？这些行为只会给孩子树立不好的榜样，会导致孩子的注意力越来越分散。

2. 身教胜于言教，注意力也需要以身示教

说教、唠叨是有些父母在发现孩子注意力不集中时，常常表现出来的状态。然而，很多时候，这种说教、唠叨的言教方式，对孩子集中注意力的帮助并不大，甚至很可能会让孩子产生逆反和习得性无助的心理。与言教相比，家长以身示教，带头集中注意力做好孩子榜样的方式要更胜一筹。

榜样是一种无声的力量，家长就是孩子最好的榜样，比起一味强制要求孩子专注做事，把注意力集中到书本上，不如以身示教，先改掉自己一心多用、注意力不集中的坏习惯，为孩子树立榜样，这对培养孩子集中注意力效果更好。

细节 20 妈妈，我好累！

——压力太大，孩子的注意力很难集中

妈妈：宝贝，你最近是不是很累啊？我发现你一看书就犯困，没看两分钟就趴在书桌上睡着了！

孩子：嗯，我最近感觉好累！

妈妈：怎么会这么累呢？是学习压力太大了，还是有其他什么原因？

孩子：就感觉好累啊，记忆力也不好。一看到书本，我就莫名地感到心慌，常常是上一秒刚看过的知识，下一秒合上书就忘了，好担心成绩突然下降啊！

有压力本身并不是坏事，适当的压力会让人不断进取。但压力一旦过大，就会给孩子的身心带来负面影响，如睡眠差、情绪低、心情压抑等，直接阻碍孩子集中注意力。孩子压力越大，注意力就越难集中。

1. 学习压力过大，注意力会被焦虑取代

任何人都会有压力，孩子也不例外。作为学生，孩子的学习压力大概是最大的压力了。当学习压力过大时，孩子就会变得烦躁、焦虑。尤其是临近考试时，孩子会因为过度担心考不好而无法集中注意力复习，进而严重影响复习的效率。更有甚者，其注意力会直接被焦虑取代，导致孩子在很长一段时间内都无法集中注意力。

2. 压力过大危害身心健康，身心不健康会分散注意力

很多人常常把"有压力才有动力"挂在嘴边，却不知这句话极不严谨。只有适当的压力，才会带来动力，否则只会适得其反。对孩子来说，压力过大，可能会危害其身心健康。首先，压力过大，可能会影响孩子的睡眠和饮食状况，危害其身体健康。其次，压力过大可能会让孩子患上心理疾病，不利于其心理健康。而孩子的身心不健康，对其注意力的集中是不利的。很多时候，孩子的注意力会因为身心不健康而被分散。

综上所述，孩子压力过大，并不利于其注意力的集中。因此，家长要适当地放低对孩子的期望和要求，教给孩子一些正确疏导压力的方法，引导孩子做一些放松身心的训练，帮助孩子逐步提升抗压能力，保护并培养孩子的注意力。

细节 21　妈妈，别总在我面前晃悠！
——家长过度关注孩子，会打断孩子的注意力

妈妈：宝贝，你冷不冷，要不要妈妈给你拿件外套？

孩子：我不冷。

妈妈：那你饿不饿，妈妈给你切点水果？

孩子：妈，歇歇吧，您别总在我面前晃悠了，晃得我都没法好好看书了。

看到孩子坐在书桌前学习，父母心里自然是非常开心的。然而，有些过于呵护、关心孩子的父母，总是溺爱正在学习的孩子，他们总是在孩子面前晃悠，一会儿送水果，一会儿递毛巾，一会儿让孩子调整坐姿，一会儿要孩子放松眼睛……殊不知这样做很容易将孩子的注意力打断。为了保护孩子注意力的稳定性和持久性，家长不要总在孩子面前晃悠，尤其在孩子学习的时候，理由如下。

1. 你的关心可能会打断孩子的注意力

或许你曾见过这样的情景：一个孩子正专注地玩玩具，一旁的姥姥一会儿给孩子送水，一会儿给孩子擦汗，一会儿帮孩子整理头

发……不一会儿,孩子就放下手中的玩具去做别的事了。姥姥却在一旁抱怨:"唉,这才玩了几分钟啊!"在这个情景中,短短几分钟的时间里,姥姥做了不少关心孩子的事情,而这些关心总能轻而易举地打断孩子原本集中的注意力,使孩子养成做事三分钟热度的习惯。

2. 过度关心会成为孩子注意力养成的阻碍力量

在培养孩子注意力时,家长的过度关心很可能会成为孩子注意力养成的阻碍力量,主要原因有两点:第一,不被外界因素干扰是决定注意力能够集中的重要因素之一,而家长的过度关心会导致孩子的注意力受到干扰;第二,家长的过度关心会导致孩子没有自由的时间和空间,失去专注做事、学习的条件。基于以上两个原因可以得到,家长过度关心孩子对其注意力的培养是不利的。

家长对孩子的过度关注,就像是一根无形的线一样,线的这端在家长手上,线的那端牵着的是孩子的注意力。孩子的注意力会被父母的一举一动、一言一行牵动着,难以集中。

因此,在孩子学习、玩耍时,家长要给孩子足够的时间和空间,让孩子自由地去学习和探索,不因过度关心孩子而在孩子面前晃悠,以免干扰、打断孩子的注意力。

第三章

有品质的生活与环境：提升孩子注意力的重要因素

孩子的生活品质和成长环境，直接决定孩子的注意力能否得到提升，以及提升的幅度有多大。充足优质的睡眠、营养均衡的饭菜、安静整洁的房间、温馨有爱的氛围等都有利于培养并提升孩子的注意力。本章将生活品质和成长环境进行了细分，向家长详细介绍了这些因素对孩子注意力的影响，可作为家长在为孩子创建品质生活和良好成长环境时的参考。

细节 22 孩子，晚安！
——充足且优质的睡眠可以提高孩子的注意力

妈妈：宝贝，现在该睡觉啦！

孩子：妈妈，我还不困呢！要不您给我讲一个故事吧！

妈妈：好呀，妈妈想一想要给你讲一个什么样的故事呢？

孩子：妈妈，您给我讲《色彩狂》吧！

充足且优质的睡眠可以保证孩子精力充沛，而充沛的精力是孩子集中注意力去做事和学习的一个必要前提。睡眠不足和睡眠质量差都会影响孩子的注意力。因此，家长在培养孩子的注意力时，务必保证孩子睡眠时间充足，并在此基础上提高孩子的睡眠质量。那么，睡眠不足和睡眠质量差会对孩子的注意力造成什么影响呢？

1. 睡眠不足会导致注意力变差

孩子睡眠不足，其注意力就会很难集中，常常会有一些负面的行为表现，比如上课打瞌睡、思路不清晰、反应不灵敏、做作业慢等。如果孩子长期睡眠不足，就会导致注意力不集中。部分家长在得知睡眠不足会影响孩子的注意力时，会有意地去保证孩子的睡眠时间，催促孩子早睡，让孩子晚起。他们以为孩子睡眠时间越长，睡眠越充足。事实并不是这样的，孩子的睡眠时间太长，也会导致孩子注意力的退步。研究表明，晚上十点到凌晨六点属于人类最佳睡眠时期，6～12岁的孩子的睡眠时间为每天10～11个小时，过长或过短都会给孩子的注意力带来负面影响。

2. 睡眠质量差会导致注意力难以集中

睡眠质量差和睡眠不足都会给孩子的注意力带来负面影响。孩子如果睡眠质量不好，注意力就很难集中，从而很难专心学习和做事。孩子睡觉不老实、打鼾、做噩梦、很难入睡等都是睡眠质量差的表现。同时，家长还要注意一点，孩子睡觉打鼾是因为呼吸不顺畅导致的，并不是睡得香所致。打鼾会引起孩子身体和智力发育障碍，而注意力不集中就属于智力发育障碍的表现，家长要正视打鼾，不能忽视打鼾这一分散孩子注意力的破坏力量。

综上所述，孩子的睡眠状况对其注意力的影响极大。家长可以采取培养孩子按时睡觉、调节房间里光线的明暗、为孩子讲睡前故事等措施来帮助孩子提升睡眠质量，这些方法不仅可以让孩子养成良好的作息习惯，还可以保证孩子拥有充足且优质的睡眠，从而提高孩子的注意力，让孩子更加专注地做事、学习。

细节 23 宝贝，起来陪妈妈跑步呀！

——运动对帮助孩子提升注意力有着积极的影响

妈妈：宝贝，起床啦！起来陪妈妈跑步喽！

孩子：妈妈，您为什么要跑步啊？

妈妈：因为妈妈不想变老呀！你希望妈妈变老吗？

孩子：不，妈妈不能老，我现在就起床，陪妈妈一起跑步。

生命在于运动，运动可以增强孩子的身体素质，提升孩子的心理素质，帮助孩子保持旺盛的精力，而这些都可以促使孩子注意力更加集中。有些家长认为运动很累，宁愿给孩子吃一些营养餐或保健品；有些家长则不愿意把孩子宝贵的时间浪费在运动上。我们不认为这些家长的做法是可取的。

1. 身体是革命的本钱，注意力是学习的基础

身体是革命的本钱，只有拥有好的身体，才有精力投入学习，才可能取得好成绩。反之，如果身体不好，三天感冒、两天发烧的，即便当下拥有好成绩，那也只是暂时的。身体不好的孩子且不说能否把注意力

集中到学习上，即便能集中，注意力的稳定性和持久性也不会太好。注意力是学习的基础，没有了注意力，孩子学什么，都很难有所成就。运动可以强身健体，强健的身体可以保障注意力的稳定性和持久性，这样才有可能一直保持好成绩。

2. 磨刀不误砍柴工，注意力会将运动花费的时间成倍地赚回来

运动是需要花时间的，但磨刀不误砍柴工，孩子花在运动上的时间，高度集中注意力都会成倍地帮他赚回来，比如，上课专心听讲、完成作业的效率更高等，都可以为孩子节省更多的时间。这是因为适当的运动可以增强孩子新陈代谢的能力，能缓解孩子的压力，让孩子拥有积极健康的心态，从而能够把注意力集中起来专注学习；健康的身体可以提供集中注意力的精力和思维，促进孩子的智力发展。

美国哈佛医学院心理学教授拉特伊博士表示："身体锻炼能够在很多方面让你的大脑处于学习的最佳状态，锻炼可以使大脑细胞变得更有柔韧性，同时使细胞之间的联系更加紧密。而正是大脑细胞之间的联系才使我们能够很快掌握新信息。"

拉特伊博士的话告诉我们，运动可以使孩子的大脑处于最佳的学习状态。所谓最佳的学习状态，是指孩子能够把注意力集中在学习上，使学习能力变强。也就是说，运动并不会耽误学习，反而会提升孩子的注意力，从而提高孩子的学习能力。因此，家长要重视孩子的运动情况，可以带头参加运动，为孩子做榜样；要为孩子创造运动的机会，如周末去爬山，让孩子爱上运动。

细节 24 不能挑食哦！
——均衡的饮食能让孩子的注意力更集中

妈妈：宝贝，乖，把碗里的青菜吃了！

孩子：不吃，不喜欢吃！

妈妈：吃青菜可以让人变聪明哦！然后就可以去好多好玩的地方啦！

孩子：真的可以变聪明吗？比我们老师还聪明？

一个孩子的注意力足够集中，离不开均衡的饮食。均衡的饮食对孩子来说非常重要，它可以保证孩子拥有健康的体魄、旺盛的精力、机敏的头脑及高度集中的注意力。那么，如果孩子饮食不均衡，会对他的注意力产生哪些危害呢？

1. 偏食、挑食不利于孩子摄入均衡的营养，营养不均衡影响注意力

没有任何一种食物可以提供人体所需要的全部营养。于是，便有了各种食物搭配。食物搭配的目的是保证人体摄入均衡的营养。而挑食、偏食都不利于均衡营养的摄入，常常会导致某些营养素的欠缺。当缺乏某种营养时，孩子的健康就会受到不良影响，体质就会变差，注意力也就难以集中，从而无法专注于学习或做事。

2. 有些零食容易使孩子亢奋，从而无法集中注意力

巧克力、冰淇淋、薯片、糖果、方便面、膨化食品等是孩子常吃的零食，这些食品的包装精美、口感美味，深受孩子们的青睐，但营养价值却很低。此外，像巧克力这类零食，孩子食用后可能会变得亢奋，这反而会导致其注意力无法集中。

3. 大鱼大肉易加重孩子脾胃负担，引起身体不适，分散注意力

孩子正处在长身体的时期，消化功能还不健全，总吃大鱼大肉，会加重脾胃的负担，造成消化不良、肚子痛、呕吐等不良反应，这时孩子的注意力极易被这些不良反应分散。因此，家长在安排孩子的饮食时，不宜给孩子多吃大鱼大肉。

一般来说，孩子的早餐应种类丰富、营养均衡，以保证大脑营养充足，进而提高注意力；午餐则要准时，量不宜过多，以免孩子吃得太饱而耽误午休，影响孩子下午注意力的集中；晚餐不宜太晚，且食物要易消化，以免孩子因消化不良而影响睡眠质量，造成第二天精神状态不佳，从而无法集中注意力。

威廉·西尔斯说："健康饮食和均衡营养对每个孩子都重要，儿童大脑是十分精密、脆弱的；我们对孩子的餐饮越重视，孩子的大脑就会更正常地工作、运转。不健康的饮食结构会损害大脑功能。"

威廉·西尔斯说的这段话告诉我们孩子的饮食对其大脑发育是十分重要的，而孩子的大脑能否正常地工作、运转，直接决定了孩子的注意力能否集中。因此，为孩子提供健康的饮食和均衡的营养，是家长必须要重视和践行的。家长不仅要为孩子提供一日三餐,还要保证营养均衡,清粥小菜、时令果蔬不可缺席,大鱼大肉适可而止,容易导致孩子精神亢奋的零食得远离,这样才能为孩子的大脑提供充足的营养,让孩子能够拥有高度集中的注意力。

细节 25 以后你就在这里学习吧!

——学习环境良好,注意力更集中

妈妈:宝贝,妈妈重新帮你收拾了屋子,以后你就在这里学习吧!

孩子:哇,这个书桌真大啊,我好喜欢!

妈妈:以后书桌上只能放与学习有关的东西哦,零食、玩具统统不能放书桌上!

孩子:嗯,我保证以后学习的时候专心致志。

学习环境的好坏直接决定了孩子能否将注意力集中在学习上。安静、简洁的学习环境之所以更容易使孩子学习更专注,是因为孩子的视线所能看到的地方只有书本,他的注意力自然不会被玩具、零食或其他物品分散,因而能够把注意力集中在学习上。由此可见,学习环境和孩子的注意力是密切相关的。可是,学习环境与孩子的注意力之间究竟有着什么样的联系呢?

1. 学习环境元素太丰富,孩子容易分心

为了给孩子提供一个好的生活环境,不少家长可谓费尽心思,花了不少精力，但最终取得的结果却不尽如人意。这是为什么呢？很显然，是家长们的思维方式错了。有些家长认为，孩子要什么就给他什么，让他感受到浓浓的爱，他学习就会更加用心；有些家长则认为，孩子的房间如果满是色彩，会让他心情更加愉快，学习也会变得快乐。于是，他们在孩子的房间里挂上了孩子喜欢的漫画，在孩子的书桌上摆上了孩子喜欢的玩具和零食。最后，他们会发现，孩子在书桌面前越来越坐不住了，他们一会儿起身摸摸漫画、一会儿坐在地上玩一下玩具、一会儿躺在床上吃零食……慢慢地，孩子越来越没心情学习了，即便是坐在书桌前，注意力也不在书本上，时间长了，孩子就坐不住了。

2. 谨防电脑成为分散孩子注意力的诱惑源

相信很多家长都会有这样的想法：给孩子配笔记本电脑，让孩子随时可以上网解决学习中遇到的问题，可以使孩子的学习变得更加轻松。然而，笔记本电脑除了可以解决孩子在学习中遇到的问题外，还有很多其他功能，这些功能可以轻而易举地成为孩子最大的诱惑源，让孩子总是忍不住想去玩。有时候，孩子坐在书桌前很久，家长会误以为他正在专心地学习，其实他只是在专心地玩电脑。同时，作为家长，当你无法放下手机时，你就不能苛求孩子能够抵制电脑的诱惑，也不要怪电脑分散了孩子的注意力。

简洁、宽敞、干净、明亮、素雅和安静的房间更适合孩子学习。家长们在精心布置孩子房间的时候，可以把这些因素作为参考，再结合实际情况，努力创建一个适合孩子学习的房间。

　　孩子正处在培养注意力的关键时期，注意力的稳定性和持久性还不太好。若是学习环境不合适，比如房间布置得不恰当，或颜色太杂、物品太多，就很容易将孩子的注意力从课本上转移走，甚至会造成孩子注意力分散。因此，家长在为孩子布置学习环境时，务必要将各种诱惑源（如电脑、玩具、零食）及无关物品从孩子的书桌上移开，力求为孩子创造一个安静、简洁、干净的学习环境，以保护孩子学习时的注意力。

细节 26 你学习的时候能不能专心一点？

——采用软暴力培养注意力的方式不可取

妈妈：你学习的时候能不能专心一点？怎么老是发呆呢？

孩子：您说不专心就不专心吧！

妈妈：你这孩子，怎么可以这么跟妈妈说话呢？

孩子：本来吧，我觉得自己挺专心的，可是您总说我不专心，导致我现在想专心都专心不起来。

什么是软暴力？举个简单的例子，"你怎么那么没出息，这么一点儿作业都要做半天？"这就是软暴力，它是一种不同于肢体暴力的暴力行为。有些家长在和孩子相处的过程中，常常会不小心用到软暴力。家长如果想通过软暴力来培养孩子的注意力，那是行不通的，原因主要有以下两点。

1. 用语言指责孩子注意力不集中，导致孩子产生认同心理

孩子注意力的稳定性本来就不是很好，周围发生了一点小事就能分散其注意力，会出现走神、发呆、心不在焉、拖拖拉拉、粗心大意、无法按时完成作业等现象。有些家长在发现孩子注意力被分散时，会用一些简单粗暴的语言来指责孩子，比如，"你怎么又走神了？""你就不能把注意力集中在学习上吗？""你能不能专心学习？"当家长不断去重复、强化这些指责时，孩子就会对家长的指责形成一种认同心理：我的注意力就是不集中。于是，在家长的指责声中，孩子的注意力就真的不集中了。

2. 强制要求孩子坐在书桌前，对培养注意力的帮助并不大

有些家长看孩子坐不住，就采取一些强制手段，比如，强制要求孩子在书桌前坐满两小时。这些家长认为，孩子是因为坐不住，才会导致注意力不集中，他们认为这种方法可以帮助孩子改善注意力不集中的情况。显然，这些家长错了，且不说这种方法能不能提升孩子的注意力，即便能，所收到的效果也是极其微小的。更重要的是，这种方法对孩子的身体和心灵都会造成伤害，会使孩子产生叛逆心理，更不利于孩子注意力的集中。因此，这种强制培养孩子注意力的方式是行不通的。

诚然，软暴力不会给孩子带来肉体上的伤害，但对其精神、心灵的伤害并不小，既不利于孩子身心健康的发展，也不利于培养孩子的注意力。因此，家长在和孩子相处的过程中，要尽量避免使用软暴力。

长期生活在软暴力环境中的孩子，注意力是很难集中的。一是在这样的环境中，孩子的身心发展通常不健全；二是孩子会因此产生逆反或恐惧心理，直接分散了注意力。

细节 27 这个问题我都说多少遍了!

——不厌其烦地唠叨,只会分散孩子的注意力

妈妈:儿子,你这个字写错了。

孩子:啊,马上改。

妈妈:这个省略号不对呀,省略号应该是占两个格。

孩子:哦,我又错了!

没有一个孩子愿意听爸爸妈妈的唠叨,但唠叨却是很多家长对孩子的日常"教导"。有些家长管唠叨叫"为你好",殊不知这所谓的"为你好"正悄无声息地打断孩子的注意力。

1. 唠叨会扰乱孩子思维的连贯性,破坏孩子的注意力

家长之所以会不停地唠叨,无非是对孩子不放心。殊不知,家长唠叨得越厉害,孩子的注意力就越差。其实,孩子是独立的,他们有自己的思维方式和行事节奏,若父母通过唠叨强行介入孩子的思想,会扰乱孩子思维的连贯性,打乱孩子行事的节奏,直接破坏孩子的思维力和做事的注意力,导致孩子的独立思考能力和处事能力下降。

2. 唠叨是父母对孩子的低容忍，会打断孩子的注意力

有些家长对孩子犯错误的容忍度非常低，甚至是零容忍。他们见不得孩子做作业时玩笔，忍不了孩子做作业时发呆，看不惯孩子做作业时慢吞吞的样子。于是，他们总在孩子做作业时唠叨：不要玩笔，不要发呆，能不能加快点进度……长此以往，孩子的注意力总是被打断，以致注意力越来越分散了。

总结家长们对孩子不停唠叨的原因，无外乎都是为了孩子好，这本无可厚非，但是有些话说一两遍就可以了，完全没有必要一直重复地唠叨。要知道，同样的话说得多了，听者是会自动屏蔽的，这样的话说了也等于白说。

心理学研究证实：老调重弹，反反复复说同样的话，会让人产生一种习惯性的模糊听觉，也就是明明在听，却根本不入心。

孩子接收信息和处理信息的能力本来就不是很强，再加上注意力难以保持长久、稳定性较差，家长若是再不厌其烦地唠叨，不但意义不大，反而会导致孩子的注意力越来越差。因此，我们建议家长改掉对孩子唠叨的习惯，有什么叮嘱一次性说完，还孩子一个自主且清净的学习、玩耍、做事的环境。

细节 28　假期也不能睡懒觉哦！
——有规律的作息有利于孩子注意力的集中

妈妈：宝贝，该起床啦！

孩子：妈妈，现在是暑假，起那么早干吗？让我再睡会儿嘛！

妈妈：不行，假期也不能睡懒觉哦！你看，爸爸妈妈都没睡懒觉呢！

孩子：这是为什么啊？还让不让人有个愉快的假期了？

谈起假期，不管是孩子，还是大人，潜意识里都认为那是玩耍、休息、放松的日子。于是，一到假期，孩子就会想当然地以为那是不用早起、不用上课、可以看电视的日子。如果假期的作息真像孩子以为的这样，那其注意力就遭殃了，主要原因有两个。

1. 假期不专注的行为会导致孩子注意力不集中

三天足以毁掉一个成年人养成的某个好习惯，而要想毁掉一个孩子的注意力，两天就足够了。在孩子看来，周末、节假日、寒暑假就等于不再有老师的管束，不再有繁重的课业，不再有早起的闹铃。于是，他们总是期待着假日的到来。在假日，如果父母放任孩子不管，那孩子便常常会一边吃东西一边看电视，一边玩玩具一边听音乐，一边做作业一边玩耍……这些不专注的行为，会直接导致孩子注意力不集中。

2. 假期作息不规律，会从多方面分散孩子的注意力

有些家长认为，难得有个假期，就让孩子多睡一会儿，毕竟平常孩子想睡也不能睡。于是，每逢假期，他们就让孩子睡到自然醒。可惜，家长的这番好意却害了孩子，孩子一个懒觉睡下来，不仅打乱了平时的作息和饮食习惯，还不利于孩子假期计划的按时执行，这些都会直接或间接地分散孩子的注意力，不利于孩子注意力的集中。

让孩子在假期依然保持有规律的作息，不仅有利于孩子的身心健康，还能培养孩子的注意力，帮助孩子提升各项能力，如学习能力、独立思考能力等。因此，即便是假期，家长也应该以身作则，保持有规律的作息习惯，帮助孩子养成作息规律的好习惯。

细节 29 你的想法很重要哦!
——开放舒适的沟通环境有利于孩子集中注意力

妈妈：孩子，关于十一国庆假期家庭出游计划，你有什么想法呢？

孩子：妈妈，我的想法不重要，您和爸爸决定就好啦！

妈妈：你的想法很重要哦！我和爸爸对你的想法很感兴趣呢！

孩子：真的吗？妈妈，其实我有一个好想法，我说给您听……

有些家长会因为孩子只是个孩子，而不重视孩子的想法，甚至从未想过要听听孩子的想法。这样的家庭环境显然是不利于孩子表达自己的意愿和需求的。当孩子向别人表达自己的意愿、需求时，他一方面要清楚地表达自己的意愿和需求，另一方面还要让别人听得懂，这就对他的注意力提出了更高的要求。让孩子参与制订假期出行计划和主动征询孩子的想法均可以让孩子表达自我，对其注意力的培养都有着积极的作用。

1. 让孩子参与制订假期出行计划，可提升孩子的注意力

让孩子参与制订假期出行计划，不仅能培养孩子的主人翁意识，还能提升孩子的注意力。当有些家长认为让孩子参与制订出行计划是儿戏时，那些早已参与制订计划的孩子的注意力正悄悄地得到提升。这是因为大多数孩子在参与制订出行计划时都会很开心，为了能制订一个让自己或让大家满意的出行计划，他会不断地去思考和探索，这个时候他的注意力会非常集中，而且注意力的持久性也比较强。

2. 主动征询孩子的想法，有意培养孩子的注意力

在一些家长眼里，孩子什么都不懂，是不会有什么建议的，即便是有也不重要。这些家长不会让孩子参与制订任何家庭计划，更不会因为某事和孩子有关而去征询孩子的意见。这种情况下，沟通环境是封闭的，孩子的意见得不到家长的尊重，孩子的思维能力和表达能力也得不到锻炼，注意力集中起来比较难。

因此，除了让孩子参与到家庭计划的制订中，家长还需要告诉孩子他的想法很重要，并主动征询孩子的意见。这样孩子的心扉才会慢慢敞开，思维才能得到锻炼。随着孩子想法的不断周全和成熟，孩子的注意力也会随之提升，注意力的稳定性和持久性也都会得到训练。

其实，让孩子主动参与到家庭计划的制订中和主动征询孩子的意见和想法的行为，都是为了创造一个开放舒适的沟通环境，让孩子能够大胆地说出自己的想法，发散自己的思维，从而持久和稳定地训练孩子的注意力，进而提高孩子的注意力。

细节 30 进孩子的房间要先敲门！
——留一个私人空间，减少对孩子注意力的干扰和刺激

妈妈：你在想什么呢？

孩子：呀！妈妈，您什么时候进来的？您也不知道先敲敲门！

妈妈：我是你妈，我进你屋还需要敲门吗？要是敲门了，我还能发现你走神啊！

孩子：妈妈，您这是不尊重我的隐私，这种行为是不对的。

有的父母在进入孩子的房间之前，并不会先敲门征求孩子的意见，而是直接推门就进入了。若是发现孩子把门锁了，他们会强制要求孩子不许锁门，甚至会把孩子房间的锁拆了。不管是直接推门而入，还是强制要求孩子不要锁门，抑或是将锁拆了，无一不是蛮横专制的行为，都侵犯了孩子的隐私，或多或少都对孩子的注意力造成了干扰。

1. 随意进出孩子的房间，很可能是在打断孩子的注意力

有些父母进出孩子的房间非常随意，尤其是在孩子学习的时候，

他们一会儿送果汁，一会儿送水果，一会儿看看孩子的作业做到了哪里……他们从孩子的房间一趟一趟地进出，孩子的注意力也跟着一次一次地被打断，做作业的时间也相应地被拉长。这种随意进出孩子房间的方式，会对孩子的注意力造成严重的干扰，使孩子的注意力被强制中断。

2. 不愿给孩子私人空间，可能会分散孩子的注意力

孩子的房间上不上锁和家长能否进入孩子的房间之间其实并没有冲突，家长完全可以通过敲门等方式征求孩子的意见，而后进入孩子的房间。但是，有些家长并不愿意这么干，他们认为自己有权利随时进入孩子的房间，孩子把门锁上就是在背着自己干坏事，而且孩子还那么小，能有什么隐私，需要什么私人空间。于是，他们不愿意给孩子一个私人空间，总是随意进出孩子的房间，增加干扰孩子注意力的因素，如此一来，孩子的注意力很可能就会被强制分散了。

实际上，孩子的注意力一旦被打断，就会再花时间重新集中，甚至有时会因为一时无法集中注意力而烦躁、发怒，最终可能会导致注意力完全溃散。

因此，家长应该给孩子一个独立的私人空间，给孩子足够的尊重，在没有得到孩子应允之前，家长不要随意进出孩子的房间，如果有事必须进去，可以先敲门征求孩子的意见，尽量减少干扰孩子注意力的因素，尤其是在孩子学习的时候，家长更不要轻易打扰，以免打断孩子的注意力。

细节 31 这周末你想去哪里玩呀？
——劳逸结合，学习才能事半功倍

妈妈：孩子，这周末你想去哪里玩呀？

孩子：妈妈，我这周末有很多很多作业，我想在家写作业。

妈妈：宝贝，有时候把注意力从学习上暂时转移到其他地方，会让你的学习更高效哦！

孩子：那我们要不要去爬山？山里空气好，更利于排解压力。

孩子的压力主要来自学习，做不完的作业、看不完的书都是导致孩子学习紧张、休息时间不足、压力过大的直接因素。若是家长每天都在给孩子强调学习最重要，那孩子的心理负担会更大，学习的注意力会因此而受到一些负面影响，学习效率也会大打折扣。因此，我们建议家长引导孩子劳逸结合，主要原因有以下两点。

1. 劳逸结合可放松大脑，更益于孩子集中注意力

劳逸结合，可以帮助孩子放松大脑，对孩子注意力的集中是有利

的。古人有云："一张一弛，文武之道也。"这句话放在孩子的学习上也是适用的。家长引导孩子劳逸结合，让孩子在学习方面有劳有逸，可以在一定程度上消除孩子的疲劳，缓解孩子学习时的紧张心态，使孩子大脑的不同区域轮换放松，从而能够更好地把注意力集中到学习上来，提高学习效率。

2. 暂时转移注意力，是为了更好地集中注意力

当孩子感觉疲劳、状态不佳时，他的注意力是很难集中的，这个时候若是强制将孩子按在书桌上学习，不仅占用了孩子休息、放松的时间，还会导致孩子因学习效率不高而心情低落，致使孩子注意力分散。

实际上，有些时候，带孩子出去爬爬山，坐下来陪孩子聊聊天，让孩子听听音乐，甚至是让孩子倒头大睡一觉，都可以将孩子的注意力暂时从学习上转移，让他的大脑暂时从学习的压力中脱离出来，从而有时间去清理大脑，孩子的记忆力会随着大脑的清理而增强，学习时的注意力也会变得更专注。

其实，每一分每一秒都用来学习的孩子，未必会比劳逸结合的孩子学习成绩好，但劳逸结合的孩子的身心一定比分秒都在学习的孩子的更健康。而身心健康孩子的注意力更容易集中，而且注意力的稳定性、持久性和转移能力都相对较强。

从表面上看，让孩子玩耍、睡觉、看电视，陪孩子散步、聊天等行为似乎是在浪费时间，但若是透过现象看本质，这些行为和浪费时

间并不能画等号。这些行为本质上可以放松孩子的身心,缓解孩子的学习压力,提升孩子学习的注意力,让孩子的学习变得事半功倍。

因此,家长在紧抓孩子学习的同时,也不要忘了让孩子放松身心,毕竟身心松快的孩子,更容易集中注意力专注于学习,而且注意力也能保持一定的持久性,从而更能学进知识、消化知识,使学习效率达到事半功倍的效果。

细节 32 爸爸很爱妈妈哦!

——创建和谐有爱的家庭环境,保护孩子的注意力

孩子:妈妈,为什么您犯了错,爸爸非但不责怪,还把错误揽到自己身上?

妈妈:因为爸爸很爱妈妈呀!

孩子:爸爸爱妈妈,妈妈爱我,我爱爸爸妈妈,我们是有爱的一家人!

妈妈:宝贝真棒,爸爸妈妈都很爱你哦!

一家人每天生活在一起,难免会有一些小矛盾,尤其是夫妻双方,难免会因为某些摩擦而发生争吵,这些都是可以理解的。但是,夫妻之间的矛盾常常会分散孩子的注意力,其主要原因如下。

1. "踢猫效应"会分散孩子的注意力

所谓"踢猫效应",其实就是一种坏情绪的传递,只不过传递的对象要比自己弱小,等级没有自己高。在家庭中,孩子就属于弱小对象,有些家长会把自己的不良情绪发泄到孩子身上。这样做,对于情绪调节能力并不强的孩子来说,他的身心都会受到极大的伤害,注意

力会因此变得无法集中。若是长期处于这样的环境中，不但孩子的注意力会长期不集中，而且还会直接导致孩子的智力无法健全发育。

2. 父母的关系是否和谐，是决定孩子专注度高低的重要因素

孩子和父母是连着心的，父母能感受到孩子的不开心，孩子也能感受到父母之间的不愉快。父母关系是否和谐决定了孩子能否在和谐有爱的家庭环境里健康成长，而孩子能否生活在和谐有爱的家庭环境中则直接决定了孩子专注度的高低。可以说，家庭环境就是牵住孩子专注度的一根线，家庭环境越和谐、家人越友善，孩子的专注度越强。反之，家庭环境不和谐，父母关系不和睦，会直接分散孩子的注意力，导致孩子的专注度减弱。

其实，家长之间的矛盾时时刻刻都在牵引着孩子的注意力，是导致孩子注意力不集中的原因之一。孩子不是成年人，他的注意力还在培养中。家长不能为了图一时口舌之快，就在孩子面前大吵大闹。要知道，孩子的情商、智商都还处在发育阶段，他们不知道要怎么做才能排解负面情绪。随着负面情绪越积越多，孩子的情绪越发低落，他们的注意力只会更加不集中。因此，家长应该在孩子面前注意自己的言行举止，努力创建一个和谐有爱的家庭环境，以保护孩子注意力。

第四章

掌控情绪：好情绪是注意力集中的前提

好情绪是孩子注意力集中的前提，而坏情绪则是分散孩子注意力的不良因素。只有能掌控自己情绪的人，才不会沦为情绪的奴隶，才不会任由不良情绪分散自己的注意力。本章主要探讨了暴脾气、畏难情绪、焦虑情绪、嫉妒心理等各种不良情绪对孩子注意力的影响，并给出了一些切实可行的对策，力求帮助家长更好地引导孩子调节不良情绪，使孩子的注意力不受不良情绪影响。

细节 33 不开心了就跟妈妈说！
——和孩子交朋友，做孩子的倾听者

妈妈：宝贝，妈妈最近看你总是闷闷不乐的，是发生什么事了吗？

孩子：哦，我有闷闷不乐吗？没有发生什么事啊！

妈妈：宝贝，不开心了要跟妈妈说哦！不要憋在心里，会憋坏身体的。

孩子：嗯嗯，我知道了！谢谢妈妈！我真的没事啦，就是有点儿焦虑，因为马上要考试了，怕考不好。

在平常生活中，很多家长总会掉进这样的陷阱：他们总是一味地要求孩子"要怎么做"，却从不关心孩子"为什么会这么做"，他们总是一副高高在上的家长姿态，即便嘴上说要和孩子做朋友，可其实还是居高临下地指挥和控制孩子。殊不知，这样的行为可能会导致孩子的心理不健康，使孩子形成忧郁、抑郁的不良情绪，给孩子的注意力带来不好的影响。

1. 挤牙膏式的亲子对话，容易分散孩子的注意力

所谓挤牙膏式的亲子对话，是指家长问一句，孩子答一句。这种沟通方式看起来更像是在例行公事，充斥着一种陌生、冷漠的气氛。这会对孩子形成一种压迫感，给孩子造成很大的心理压力，很容易导致孩子情绪不稳定，最终分散孩子的注意力。

2. 家长的态度决定孩子的情绪，孩子的情绪影响其注意力

家长对孩子面临的事情的态度，直接决定了孩子的情绪变化；而孩子的情绪变化，却影响着他的注意力。一些家长习惯性地以成年人的眼光来看待孩子的事情，他们总是理所当然地以为自己的事很重要，而孩子的事都是小事。于是，他们会拒绝倾听孩子的倾诉，拒绝给孩子发泄情绪的机会，最终直接促使孩子关闭心门、封闭情感，并且开始带着偏见去质疑身边的人，注意力也因此而变得无法集中。

有时候，家长总是抱怨孩子有什么事都不愿跟自己说。其实，并不是孩子不愿跟家长说，而是家长不愿成为孩子的倾听者，家长一次一次地忽视孩子的情感需求，一次一次地将孩子推开，以致失去了孩子的信任，与孩子拉开了距离。

知心姐姐卢勤说过这样一段话："通过母子间的交谈，父母得到的是生命的信息，而孩子得到的是人的自信。"

这段话告诉我们：家长对孩子的倾听，可以培养孩子积极的情绪，帮孩子树立自信。一个拥有积极情绪和自信心态的孩子，无论是做事，还是学习，总是能很快就集中注意力，做事的效率极高，学习能力也比较强，智商和情商都能得到很好的锻炼和发展。

细节 34 暴力可不能解决问题哦!
——引导孩子正确发泄情绪

妈妈：宝贝，你这是怎么了？又是扔书包，又是摔鞋的，谁惹你啦？

孩子：不用您管！

妈妈：暴力可不能解决问题哦！来，跟妈妈说说，坏情绪发泄出来就好了。

孩子：我就是不服气，明明我没错，老师偏偏说就是我的错……

大喊大叫、乱扔东西、使劲摔门等都是孩子发泄坏情绪的常见方式，而这些发泄方式都具有一定的暴力倾向，不但不能帮助孩子正确发泄情绪，还会使坏情绪变得更加糟糕。最重要的是，堆在孩子心里的坏情绪会导致孩子注意力不集中，而没有正确发泄出去的坏情绪会为孩子新增很多烦恼，致使其注意力更加不集中，主要原因有两点。

1. "垃圾情绪"会干扰孩子的注意力

垃圾堆的旁边总是聚了很多苍蝇，这些苍蝇会不停地发出嗡嗡嗡的声音，吵得人心烦。要知道，孩子的坏情绪其实就是一种抽象的垃圾，这个抽象的垃圾也会干扰孩子，使他无法集中注意力。若是任由这种抽象垃圾堆积在孩子心里，那总有一天，孩子的身心会被坏情绪填满，注意力更加无法集中。

2. 暴力发泄坏情绪，可能会缩短孩子注意力的持久性

有了坏情绪就应该发泄，但暴力发泄的方式并不可取。且不说暴力发泄坏情绪的方式可能伤到孩子或他人，单单说这种方式对注意力持久性的负面影响，就足以证实它的不可取了。暴力发泄坏情绪并不能解决问题，只会把问题遗留在心里，待孩子平静下来，把注意力转移到其他事情上时，他的注意力极易被留在心里的问题干扰，直接致使注意力的持久性缩短。

家长在引导孩子发泄坏情绪时，要避开暴力方式，避免将情绪发泄变成一场破坏运动。这种破坏运动不但不能解决孩子的问题，还会分散孩子的注意力，降低孩子注意力的持久性。

其实，孩子之所以会采取暴力方式发泄情绪，很多时候是因为他不知道要如何去表达情绪。他不会正确地向家长描述情绪，只好通过简单粗暴的方式来让家长知道自己的坏情绪。因此，家长要鼓励孩子说出自己的感觉，教孩子描述坏情绪，帮孩子彻底从坏情绪中走出来，从而能够集中注意力去做其他事。

细节 35 别害怕,你可以的!
——消除孩子的畏难情绪,帮助孩子集中注意力

孩子:妈妈,这道题好难,我一时想不出解决方法,先空着哈!

妈妈:不行,你不能因为遇到一点点困难就跳过,你要相信自己,你是可以的。

孩子:可是一个小时我都没做出来,再想也不会有什么用,反而还耽误我其他学科的作业。

妈妈:不许跳,妈妈在这里帮助你,直到你想出解决方法为止。

在孩子成长的过程中,有很多个第一次,在这些第一次面前,孩子既满怀好奇,又满心害怕,畏难情绪总是不可避免的。然而,这种畏难情绪会导致孩子做事不主动、没有信心、胡思乱想、常常找借口、质疑自己的能力等,进而使孩子无法集中注意力去面对新事物或克服当下的困难。那么,畏难情绪究竟是怎么使孩子的注意力无法集中的呢?

1. "想太多"会干扰孩子集中注意力

当孩子有畏难情绪的时候,他的脑子会被各种各样的想法填满,如"我不敢""我不会""我怕丢人""要是做得不好怎么办"……这些想法会让孩子对自己产生怀疑,甚至开始去否定自己,然后他们会在心里跟自己说:要是能不做就好了。于是,孩子的大脑和心灵被各种想法占据着,他的注意力再也无法集中在他想要做的事情上了。

2. "怕犯错"会分散孩子的注意力

有些孩子之所以对很多事情都有畏难情绪,主要是因为家长的教育方式不当。有些家长总是会告诉孩子不能犯错。于是,孩子在做某件事之前,就会在潜意识里告诉自己:不能犯错,犯错就不是好孩子,犯错就不优秀了,犯错就得不到父母、老师的关爱了……然后,他们不敢去想,不敢去说,不敢去做,即便被大人强迫着去做了某事,也是在注意力极其分散的条件下完成的,最终取得的结果大都不是很理想。

畏难情绪其实是孩子的一种自我保护方式。在做一件事之前,他会预先看到这件事失败后的情景:感到沮丧、难过,被大人数落、批评。就这样,他的注意力被这些预见转移了。他开始犯怵,开始找借口逃避,开始变得磨磨蹭蹭,最后注意力完全被转移到畏难情绪上了。

家长鼓励孩子迎难而上,帮助孩子消除畏难情绪,出发点无疑是好的。但是,有些家长并不明白帮助孩子消除畏难情绪的意义和目的是让孩子能够集中注意力去做事或解决问题。事实上,在培养孩子的注意力时很多家长都犯了错,要知道一旦方向错了,孩子的注意力就难以集中起来了。

细节 36 妈妈,我不想去上学!
——孩子有厌学情绪,当心是注意力惹的祸

妈妈:儿子,老师跟我反映说你最近总在课堂上睡觉,有这回事吗?

孩子:妈,我不想去上学,我不喜欢上课。

妈妈:理由呢?你告诉妈妈你为什么不想去上学?

孩子:我在课堂上无法集中注意力,听不懂老师讲的东西。

不想去上学、在课堂上没精神、课后不愿做作业、没有干扰也无法专注学习等,都是孩子有厌学情绪的常见表现,这些表现常常与孩子注意力不集中密切关联。孩子有厌学情绪,很有可能就是注意力惹的祸,理由如下。

1. 注意力不集中,课上课下都难以专心

很多时候,孩子课堂上坐不住,课下做作业不认真,对学习不感兴趣,并不是因为孩子不听话、不懂事,而是他出现了注意力无法集中的问题。孩子的注意力一旦无法集中,他就很难安静地坐下来专注听课、做作业。因此，比起批评和责怪，家长更应该把重点放在孩子的注意力上，以便及时发现孩子注意力不集中的问题，尽早对孩子的注意力进行保护和培养。

2. 孩子的注意力存在缺陷，会降低学习的成就感

当孩子说不喜欢学习、不想去学校时，有些家长会认为那是因为孩子不知道学习的重要性。于是，他们苦口婆心地给孩子讲学习有多重要，试图让孩子爱上学习，但效果常常不尽如人意。其实，当孩子的注意力存在缺陷，无法集中注意力听课、学习时，孩子的学习成就感是极低的，这时，他也会产生厌学情绪。

孩子的注意力尚处在不断培养的阶段，这时，孩子可能会遇到注意力无法集中或注意力无法保持稳定的情况。这些情况，都可能会使孩子表现出不耐烦的情绪，从而出现学习时坐不住、上课总睡觉、跟不上课堂节奏等问题，导致厌学情绪产生。

管仲说："士不厌学，故能成其圣。"为了不让注意力不集中成为孩子厌学的缘由，家长要竭力帮助孩子集中注意力，培养孩子养成集中注意力的习惯。

细节 37 如果别人对你大吼大叫，你一定会很难过吧！
——引导孩子换位思考，帮助孩子控制不良情绪

妈妈：宝贝，妈妈听说你今天在学校跟朋友闹矛盾了，还冲着对方大吼大叫的？

孩子：是的，妈妈，但全都是他的错，是他欺负我。

妈妈：但是，你想一下啊，如果妈妈在大庭广众下冲你大喊大叫，你会是什么心情？

孩子：我肯定会觉得很丢脸，会很难过的。

一个以自我为中心、不懂得换位思考的孩子，是很难理解和尊重他人的。他们很少会去控制自己的不良情绪，常常会有意无意地就冲别人发泄不良情绪，而且几乎感受不到对方情绪的变化。这种行为方式会导致孩子的人际关系极不和谐，甚至会被周边的小伙伴孤立，这对培养孩子的注意力是很不利的，主要体现在以下两个方面。

1. 越以自我为中心，注意力越易被干扰

无论什么事，孩子总以自己为中心，只为自己考虑，不考虑也不在乎他人的感受，正因为如此，他们的内心极其敏感，注意力很容易

被周围的人或事干扰。尤其是在周围人违背自己的意愿时，他们的注意力更易被指责、埋怨等分散，这对其注意力的集中是不利的。

2. **不懂换位思考，会影响孩子注意力的广度、稳定性及分配性**

一个不懂得换位思考的孩子的注意力总是会受到其情绪变化的影响。不论是中途坏情绪的爆发，还是在某个场合的我行我素，都不利于孩子将注意力集中到当时的事上，这对孩子注意力的广度、稳定性和分配性的培养是很不利的。而一个懂得换位思考的孩子，他知道在什么场合该做什么事，注意力更容易保持集中。可以说，懂得换位思考的孩子，注意力的广度、稳定性和分配性都要比不懂换位思考的孩子强。

换位思考其实是一种修养、一种智慧、一种美德，是孩子必修的一门课。家长要引导孩子学会换位思考，帮助孩子建立共情力，让孩子学会感受他人的喜、怒、哀、乐，学会理解他人，从而和他人建立和谐的人际关系，以解决因人际关系不良而导致的注意力分散的问题，本质上也是在为培养孩子注意力的广度、稳定性和分配性做准备。

细节 38 每天给生活一个甜甜的笑容
——积极乐观的情绪，让孩子做事更认真

妈妈：宝贝，早上好呀！昨晚睡得好吗？

孩子：早上好，妈妈。我昨晚睡得很不错哦！妈妈睡得好吗？

妈妈：妈妈睡得也不错哦！别忘了今天也要给生活一个甜甜的笑容呀！

孩子：嗯，保证天天都让生活看到我的白牙齿。

一个积极乐观的孩子能够看到事物好的一面，他们眼里有光，心中有爱，对未来充满了希望，心态极好。当生活遇到烦恼、学习遇到困难、成长遇到挫折时，他们总能迅速从不良情绪中跳出来，专注地处理事情。可以说，积极乐观的情绪可以让孩子做事更加认真，主要原因有两点。

1. 消极悲观容易分散孩子的注意力

积极乐观的孩子，其注意力不一定都是集中的；但悲观消极的孩子，其注意力却则极易被分散。一般情况下，悲观消极的孩子的心理大都比较敏感和脆弱，一旦他们的生活、学习、社交稍微遇到一点困难，他们的注意力就极易被这些困难分散，而且大都会持续一段时间，在这段时间内，他们大都很难再集中注意力去做其他事情。

2. 积极乐观的孩子，更能迅速摆正心态

每个人的注意力都是有限的，而不良的心态常常会分散孩子的注意力。心态不佳的孩子，经常需要分散一部分注意力去消化自己内心的负面情绪，而且，由于心态不佳，他们排解负面情绪的能力相对会比较弱，对注意力的干扰也就更大。而积极乐观的孩子，大多能够迅速摆正心态，及时将注意力从负面情绪中抽出，进而能够将注意力集中到眼前的人和事上。

此外，积极乐观的情绪还可以有效地帮助孩子减少抑郁、焦虑等不良情绪，能够让孩子拥有积极正向的健康情绪，使孩子能够笑对生活中的不如意，集中注意力专注于学习和做事，健康成长。家长要根据自家孩子的实际情况，采用不同的方法，来帮助其建立积极乐观的情绪，以保护孩子的注意力。比如以身作则，树立积极健康的生活态度；教孩子懂得爱和感恩；帮助孩子结交乐观开朗的朋友；等等。

细节 39 他凭什么考得比我好?
——别让嫉妒心理分散孩子的注意力

> 妈妈:哎呀,宝贝这是怎么啦?一脸的不开心。
> 孩子:我的同桌考试考得比我好,老师当着全班人夸了他。
> 妈妈:那你应该为你的同桌感到高兴啊,怎么反而一脸的不愉快呢?
> 孩子:我就是不服,他凭什么考得比我还好?

孩子也会嫉妒,他们或见不得别人比自己优秀,或看不惯别人比自己穿得好,总之,他们是有嫉妒心的。当孩子心生嫉妒时,常常会伴着悲伤、愤怒、痛苦、沮丧、怨恨、自责等各种不良情绪,且容易催生出不少"错误且邪恶的思想",如排斥、拒绝社交等,这些都会对孩子的注意力造成一定的干扰,容易导致其注意力分散,原因如下。

1. 总问"凭什么",会分散孩子的注意力

嫉妒心比较强的孩子总是在问"凭什么",如"凭什么他会比我

优秀""凭什么他能竞选上班长""凭什么她长得比我漂亮""凭什么他能拥有那么多好玩的玩具""凭什么他穿的都是名牌"……然而，在孩子的各种"凭什么"的反问或自问中，注意力可能就被分散了。

2. 嫉妒会引起情绪波动，情绪波动不利于孩子注意力的集中

心怀嫉妒的孩子，其情绪极易受到影响，而且波动通常都会比较大。他们常常会因为嫉妒而变得不理智，也会抱着敌意、不友好的态度去看待别人的成绩和优势，甚至会对此加以贬低，这些因嫉妒而引起的情绪波动，会在一定程度上分散孩子的注意力，对培养孩子集中注意力并没有任何帮助。

为了不让孩子的注意力遭受嫉妒的消极影响，家长需要采取一些措施，以帮助孩子正确认识嫉妒，消除极度嫉妒的心理。家长可以告诉孩子"人外有人，天外有天"，引导孩子学习欣赏他人的长处；或者告诉孩子超越自己才是最重要的，引导孩子完善自我等，以保护孩子的注意力不因嫉妒而分散。

细节 40 妈妈，这里太嘈杂了

——高敏感孩子的注意力更需要呵护

妈妈：这个公园可真安静啊！景色也不错。

孩子：我觉得这里太嘈杂了。

妈妈：没有啊，我觉得挺安静的啊，我都能听到流水声和鸟叫声了。

孩子：我觉得这些声音都好吵。

高敏感的孩子，对声音、气味、语气、人流、光亮等都异常敏感，施工的噪声、强烈的气味、拥挤的人群、尖锐的语气、刺眼的灯光等都可能让他们感到不舒服，这种不舒服会导致孩子注意力不集中。有些家长因为对"高敏感"的认识不够，进而会忽视对高敏感孩子的注意力的保护。家长这种认识上的不足不经意间竟成了孩子注意力不集中的推动力量。那么，家长对高敏感孩子的认识存在哪些不足呢？这些不足又是怎么导致孩子注意力不集中的呢？

1. 误把"高敏感"当作矫情，强制分散孩子的注意力

高敏感孩子的感官系统是极其敏锐的，观察力也极强，他们所能看到和感受到的细节与常人是不一样的。同样的生活环境，正常人觉得还不错，高敏感的孩子可能就会觉得很不舒服，有些家长会因此误以为是孩子太矫情，对孩子不舒服的感受置之不理，甚至会说出一些伤害孩子的话语，如"就你事儿多！""你咋这么矫情呢？"如此一来，孩子的注意力就被他不舒服的状态和家长的态度给强制分散了。

2. 家长没有认识到高敏感的孩子要集中注意力会很难

高敏感的孩子对细节有着很强大的感知能力。他们会很在意各种细节，想法也比较多，一个小小的细节都可能会使他们的注意力分散。因此，高敏感的孩子要集中注意力通常是比较难的，需要花费一些时间和力气。举个简单的例子，在与人沟通交流时，高敏感的孩子会特别在意对方说话的方式、神情、肢体动作以及语气等，无形中就将注意力从聊天内容上转移了，而孩子如果想要将注意力集中到聊天内容上，就必须得花费力气去克服能够转移注意力的各种相关因素。

通常情况下，高敏感孩子的大脑会比较活跃，联想能力也比较丰富，但他们极易走神，经常胡思乱想，注意力也很容易被分散。因此，当你发现自己的孩子是个高敏感的人时，不要急着去批评他矫情，你可以尝试给他创造一个可以释放内心表达欲望的安全环境，而后了解干扰孩子注意力集中的因素，从而对症下药，帮助他更好更快地集中注意力。

细节 41 昨天的早餐，我们都吃了些什么呀？

——转移孩子的注意力，帮助孩子走出不良情绪

妈妈：宝贝，学累了吧？休息一会再写。你还记得昨天早餐都吃了什么吗？

孩子：我记得有小笼包、豆浆、油条、小米粥，还有黄瓜和西红柿。

妈妈：你全都记得呢，真棒！那你猜一猜明天早餐我们会吃什么？

孩子：等我去厨房转一圈再猜，回来再继续学习。

当孩子情绪不对时，家长强制将他按在书桌前，强迫他学习、做作业，只会使他的情绪变得更糟糕，无法集中注意力。这时，家长若是再去责怪孩子学习不专心，就极有可能会使孩子产生厌学心理。其实，越是这种时候，家长越应该学会转移孩子的注意力，理由如下。

1. 转移注意力是为了更好地集中注意力

假设一下，如果你现在的心情十分糟糕，但又不得不强迫自己工作，你的注意力能完全集中在工作上吗？孩子也一样，当他的心情被

负面情绪占据时，想让他把注意力集中在学习上是比较难的。这个时候，开明的家长会转移孩子的注意力，他们会先陪孩子聊天、给孩子讲故事、和孩子玩游戏，等孩子情绪稳定后，再让孩子去学习，那时孩子的注意力会更容易集中，学习的效率也会更高。

2. 暂时性转移注意力，可以稳定孩子的负面情绪

每个孩子都有自己的情绪，他们时而喜、时而忧、时而乐、时而悲。情绪会影响孩子的注意力。平和的情绪是注意力集中的前提，当孩子没有不良情绪时，孩子的注意力总是能快速集中，而且相对稳定；而当孩子有不良情绪时，他集中注意力的时间会相对较长，而且稳定性极差。因此，当孩子拥有不良情绪时，家长首先要做的应该是帮助孩子消除不良情绪，其次才是要求孩子集中注意力学习。

转移孩子的注意力，只是帮助孩子走出不良情绪的方法之一。家长可以根据孩子的具体情况，灵活地采取其他更有效的方法。总之，最终的目的都是消除孩子的不良情绪，使孩子的情绪变得更积极，从而能够集中注意力好好学习、认真生活。

细节 42 你知道妈妈为什么会冷落你吗?

——适当采取"冷处理"的教育方式,帮助孩子消除任性

妈妈:哭完了,就擦擦脸吧!给你热毛巾。

孩子:您走开!

妈妈:你知道妈妈为什么不理你,不愿意给你买玩具吗?

孩子:您说我已经有很多玩具了,不能再买了。

在日常生活和学习中,孩子可能会提出一些不合理的、比较任性的要求,这时,家长可以适当采取一些"冷处理"的教育方式,给孩子一些时间去整理内心的不良情绪,之后再心平气和地与孩子沟通,帮助孩子消除任性,以免孩子的注意力被分散。之所以建议家长采取"冷处理"的方式,主要原因有两点。

1. "冷处理"方式可以保护孩子的注意力

当孩子提出不合理、任性的要求时,他的注意力大都集中在家长对这个要求的反应和态度上。若是家长不答应,孩子的要求得不到满足,各种不良情绪就会应运而生,这极易导致孩子的注意力无法集中到

学习或其他事情上。这时，家长可以采取"冷处理"的方式，给孩子一定的时间和空间来反思、消化、排解各种不良情绪，减少不良情绪对其注意力的负面影响，这其实也是对孩子注意力的一种保护方式。

2. 相比说教，"冷处理"方式可以让孩子的注意力重新集中

当孩子提出不合理的要求时，有些家长会倾向于对孩子进行说教，企图以讲道理的方式让孩子明白他的要求不合理，进而主动放弃这个要求。然而，要求得不到满足的孩子，注意力是分散的，根本无法将家长的说教听进心里，反而情绪会变得更加激动，行为变得更加任性。这时，家长不妨试试"冷处理"方式，一不打，二不骂，三不说教，就只是安静地陪在孩子身边，看着他哭，看着他闹，看着他撒泼，等他哭够了，闹够了，撒泼完了，家长再给他递个热毛巾擦擦脸，等他彻底冷静下来，再心平气和地跟他沟通。这种"冷处理"可以让孩子的注意力重新集中起来，从而能将父母的话听进去，更愿意和父母沟通。

面对孩子的任性，大多数家长都很容易急躁，但家长越急躁，越容易将孩子的任性转变成不良情绪，越易使孩子的注意力分散。因此，家长适当地采取"冷处理"教育方式，从某种程度上说，其实是在帮助孩子消除任性，保护孩子的注意力。

细节 43 等客人到了才能吃哦!

——巧用"延迟满足",有效提升孩子的注意力

妈妈:宝贝,咱家今天有客人要来!

孩子:难怪妈妈做了这么多好吃的!

妈妈:等客人到了才能开吃哦!

孩子:好的,保证不偷吃啦!

孩子要什么,家长就立即给他什么,甚至有的家长会立即给孩子超出他们预期的东西,这种教育方式会直接导致孩子缺乏延迟满足的素养。

所谓"延迟满足素养",实际上就是一种选择取向和一种在等待期中控制自我的能力。当孩子为了获得更长远的利益,而甘愿克服当前的困难时,孩子的"延迟满足"素养就得到了展现。

通常情况下,延迟满足素养越高的孩子,其自控力越强,越能把注意力集中在当下的事情上,而不会被外界的诱惑分散;反之,延迟满足素养越低的孩子,其抵制诱惑的能力越弱,其注意力也越容易被外界的诱惑分散,而注意力一旦被这种方式分散,再想集中就比较难了。

那些不具备延迟满足素养的孩子，其注意力会因此受到一些负面影响，比如下面两点。

1. 不具备延迟满足素养的孩子，其注意力易被诱惑转移

每一位父母都必须要有这样的意识：孩子身边充满了各种诱惑，一旦孩子抵制不住这些诱惑，他的注意力就会被轻而易举地转移。一般情况下，那些不具备延迟满足素养的孩子，很难抵制来自各个方面的诱惑，注意力极易被诱惑转移。比如，一个正在上课的孩子，因为经不住书包里的玩具或桌箱里的零食的诱惑，在课堂上忍不住偷偷玩玩具或吃零食，这个时候，他的注意力早已不在课堂讲授的内容上了。

2. 孩子缺乏延迟满足素养，其注意力的稳定性会受到影响

延迟满足素养越高的孩子，自控能力通常会越强；反之，自控能力则越弱。然而，一个孩子的自控能力与其注意力能否集中是息息相关的。自控能力强的孩子，注意力的稳定性、持久性相对较高，能在整堂课上集中注意力；自控能力差的孩子，注意力极易被周围的各种事物分散，很难保持长久的稳定性。

由美国斯坦福大学心理学教授沃尔特·米歇尔设计的延迟满足实验结果表明：具备延迟满足素养的孩子，注意力更集中。因此，家长可以在培养孩子延迟满足素养方面下点功夫，通过发展孩子的延迟满足素养能力，有效提升孩子的注意力。

其实，培养孩子延迟满足素养并不需要家长花费太多心思和精力，只需要一个孩子喜欢的礼物和两三分钟的等待即可。家长可以通过培养孩子延迟满足素养的方式，来告诉孩子不是他要什么就有什么，而是需要克服一些困难的情景，比如克制自己的欲望，暂时放弃眼前的诱惑等，认真完成当前的事才可获得某些需求，从而引导孩子将注意力集中到要完成的事情上。

细节 44 都怪我！

——别让自责情绪困住孩子的注意力

> 妈妈：宝贝，你这两天怎么心不在焉的呢？
>
> 孩子：妈妈，您知道我们班前两天参加了全校合唱大赛没有拿奖的事吧？
>
> 妈妈：知道啊，你是因为没拿奖而不开心吗？
>
> 孩子：不是，我是觉得我们班没拿奖都怪我，因为我作为领唱人，竟然有一句唱跑调了。

自责情绪比较强烈的孩子，在犯错误时，常常会习惯性地把责任揽到自己身上，他们的注意力主要集中在自责、羞愧上，以至于无法在其他事情上集中注意力，常常给家长一种心不在焉的感觉。为了不让孩子的注意力被自责情绪分散，家长需要注意以下两点。

1. 过度自责不等于自我反省，却能轻易分散孩子的注意力

懂得自我反省的孩子，会在反省中汲取教训，他们相信自己会做得越来越好。而过度自责的孩子不一样，他们的思想、情绪总会被已经出现的失误牵扯，注意力也因此而集中在失误上，比如"这个失误不应该犯""我怎么会犯这种低级错误""别人会怎么看我呢"等,如此,注意力就难以再集中在眼前的学习或事情上了。

2. 过度自责常常伴有一些不良情绪,会分散孩子的注意力

一些过于追求完美的孩子对自己的要求十分苛刻,当他们的生活或学习出现过错时,他们首先责备的是自己,甚至会把整个责任揽到自己身上,硬要自己承担起本不应当或本不需要承担的责任。这时,孩子经常会出现焦虑、冲突、自我怀疑的不良情绪,这些不良情绪会在无形中分散孩子的注意力。

因此,当家长发现孩子过度自责时,千万不可责骂或嘲笑孩子,应该用更包容的心态去接纳孩子,从内心深处帮孩子建立自信,让孩子在做每件事时都能集中注意力。

第五章

以身作则：家长是孩子集中注意力的榜样

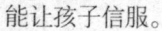

　　孩子的注意力是否集中，与家长树立的榜样是正面的还是负面的密切相关。拥有良好的学习习惯，和孩子做朋友，陪孩子一起阅读，和孩子一起为梦想坚持，专心工作，能控制自己的不良情绪，等等，都是家长为孩子树立的正面积极的榜样，都可以在注意力方面给孩子一定的启发，这要比直接说教更能让孩子信服。

细节 45 我们一起阅读吧!

——陪孩子一起阅读,提升孩子的注意力

妈妈:宝贝,现在是不是该进行课外阅读了啊?

孩子:是的,我今天要读《小王子》哦!这是爸爸昨天给我买的新书呢!

妈妈:哇!妈妈今天也要开始读新书哦!也是爸爸昨天给我买的哩!那我们就读起来吧!

孩子:好嘞,读《小王子》喽!

阅读是拓展孩子知识面和提升孩子注意力的一种方式,是很多家长要求孩子每天都必须做的事。但是,孩子的阅读收获常常和家长的预期相背离。通过家长的阅读训练,孩子的知识面不但没有得到拓展,而且阅读时的注意力也没有得到提升,主要原因有两点。

1. 家长对阅读的错误认识,误导了孩子对阅读意义的理解

阅读的真正意义并不是为了认识更多的字,然而,有些家长却总是错误地将阅读等同于认识更多的字,他们错误地以为,阅读本质上就是一种可以增加孩子识字数量的行为方式,事实并不是这样的。

当家长告诉孩子阅读就是认识更多的字的时候,孩子阅读时的注意力就会集中在认字上,从而将阅读变成了认字。阅读因此变成了一种负担,可能会分散孩子的注意力。

有些家长认为孩子认识的字多了,知识面就增加了,阅读的兴趣就会更浓,注意力也会更集中,从而让孩子把注意力集中到认字上。这其实是一种对阅读的错误认识,会误导孩子对阅读意义的理解,对提升孩子的阅读能力和注意力是不利的。

2. 家长对待阅读的消极态度影响了孩子

有些家长总是告诉孩子"你要多看书,多看书可以增长知识",可他们自己却从来都不看书。孩子总是看见家长眼睛不离手机的样子,却很少看见他们看书的样子,甚至压根就没看见过。试想一下,一个家长一边拿着手机躺在沙发上聊天,一边嘴里对孩子念叨着:"快去看书去,要专心啊!"哪个孩子会听得进去呢?

其实,父母对待阅读的消极态度会在无形中传染给孩子,而一个抱着消极态度去阅读的孩子,即便读了很多书,阅读能力和注意力也难以提升,反倒会视阅读为一种负担,体会不到阅读的乐趣。

著名教育家苏霍姆林斯基说:"学生注意力的发展,取决于良好的阅读能力。阅读的技能就是掌握知识的技能,而注意力是否集中,是决定孩子阅读技能的决定性因素。"

从这句话中我们可以看到,孩子的注意力和阅读能力之间有着非常密切的关系。如果家长想要提升孩子的注意力,就必然要注重培养孩子的阅读能力;良好的阅读能力需要良好的阅读习惯;孩子能否拥有良好的阅读习惯主要取决于父母能否做好表率，带头阅读。家长主动带头和孩子一起阅读，可以更快地帮助孩子主动爱上阅读。当孩子爱上阅读时，他的阅读会变得更专注，注意力也会更集中。

细节 46 "因为妈妈是大人呀！"

——"因为我是大人"不能成为家长注意力不集中的理由

> 妈妈：宝贝，看书的时候不可以三心二意哦！
> 孩子：哦，可是妈妈在家工作的时候也是三心二意的呀！
> 妈妈：那是因为妈妈是大人呀！妈妈有太多的事情要处理。
> 孩子：可是我也有很多事情要做啊！为什么大人就可以三心二意，小孩就不可以？真是奇怪。

"因为我是大人呀！"这句话常常成为很多家长为自己的不专心辩解的理由。毫无疑问，这是一个毫无说服力的理由，会给孩子留下很多疑惑和不满；而且很有可能给孩子传递错误的意识，即"大人是可以不用集中注意力的！"。事实是大人也要集中注意力，理由如下。

1. 即便是大人，也要集中注意力才能有所成就

不论是大人，还是小孩，一心多用都会分散注意力。不过，大人转移注意力和再集中注意力的能力要比孩子强,一心多用似乎也不影响其处理好每件事。但是,每个人的注意力都是有限的,大人也一样,如果总是一心多用,经常转移注意力,那必然会导致注意力分散,在某些事情上出现失误。换句话说,哪怕是大人,也要集中注意力才能有所成就。

2. 因为是大人,注意力才更应该高度集中

诚然,大人需要处理的事情很多,难免同时处理几件事,但这并不表示大人做事可以三心二意。对绝大多数大人来说,同时着手几件事并不是他们的本意,毕竟这需要高度集中的注意力,会耗费很多精力。在不得已需要同时着手处理几件事时,家长要明确地告诉孩子:同时做几件事需要高度集中的注意力,需要合理分配注意力。对孩子来说,现阶段需要做的是集中注意力做好一件事,只有培养高度集中的注意力,将来才能更好地分配注意力,更高效地处理学习和工作。让孩子明白家长同时着手几件事,并不是注意力不集中的表现。

有些家长会说,孩子同时做几件事,可以训练他分配注意力的能力和转移注意力的速度,但是,在孩子注意力尚不能很好集中的前提下,盲目地对孩子分配注意力的能力和转移注意力的速度进行训练,无异于孩子还没学会走就让他学跑了,这对培养孩子的注意力是没有好处的。因此,家长要以身作则,集中注意力去做眼前的事,为孩子树立集中注意力的榜样,帮助孩子提升注意力。

细节 47　妈妈工作也很累，但每天都有收获呀！
——耐心引导孩子排解学习压力

> 妈妈：宝贝，回来啦！哎哟，这是怎么了呢？一副有气无力的样子。
>
> 孩子：妈妈，我累啊！学习太累了，我不喜欢学习。
>
> 妈妈：你学习还累啊？你是不知道妈妈一天工作有多累，累一天还得回家做饭，你累，妈妈就不累啊！
>
> 孩子：哦！妈妈累，妈妈最累了！妈妈辛苦了！

对于大多数孩子来说，学习是他们最大的压力。如果孩子的学习压力过大，那么他的注意力就很难集中在学习上；学习注意力不集中，学习成绩必然会受到影响；而孩子的学习成绩常常和孩子的学习情绪挂钩。同时，学习成绩若是太差，容易导致孩子产生厌学情绪。因此，当孩子向家长诉说学习压力大时，家长务必重视起来。

1. 孩子说学习压力大时，家长不要反过来诉苦

在孩子说学习压力大时，有些家长会反过来向孩子诉苦，就像前

面案例中的妈妈一样，想以此来告诫孩子要懂事、大人比他更辛苦。然而这种方式不但不能帮孩子排解压力，反而会让孩子把压力都堆积在心里。久而久之，孩子学习的积极性就会受到打击，注意力难以持续地集中在学习上，学习能力会受到影响。若是孩子心里都觉得学习太累的话，注意力又怎能轻易集中在学习上呢？

2. 孩子说学习很累时，家长要告诉他学习是幸福的

家长应该要有这样的意识：学习本身就是一件很辛苦的事，累是正常的。当孩子向家长诉说学习压力很大、很累时，家长应该表示理解，同时要告诉孩子："学习的确很累，但是你的累是有收获的，你每天都能收获知识，它可能是一个新的数学符号，或者是一个新的成语，抑或是一个新的单词，这些知识都是你在进步的信号，这样的累是幸福的。"如此一来，孩子就会觉得学习是幸福的，这种信号会向他传递积极的情绪，会使他学习时的注意力更集中。

当孩子向家长抱怨作业太多、学习太累时，家长所采取的态度将直接影响孩子的学习情绪。认同并积极引导孩子排解压力的做法，要比直接否定并指出家长更辛苦的做法理智得多，前者不仅能拉近家长和孩子之间的距离，还能帮助孩子把注意力集中在学习上。

与其像个孩子一样和孩子比谁更辛苦，不如积极乐观地和孩子一起努力，一起探讨每天的收获和进步，用实际行动培养孩子积极乐观的心态，减轻孩子的思想包袱，减少干扰孩子注意力的因素，从而有效提升孩子的注意力。

细节 48 妈妈也有自己的梦想!

——为梦想坚持,是孩子注意力集中的动力之一

妈妈:宝贝,你是不是还在为作文比赛没拿奖而难过呢?

孩子:对的,妈妈,我很难过,因为我离我的作家梦想又远了。

妈妈:傻孩子,一次作文比赛没获奖并不会阻碍你成为作家。妈妈也有梦想,我们要一起为梦想坚持!

孩子:妈妈都没有放弃梦想,我也不会放弃的。

集中注意力,是孩子在生活、学习方面实现梦想与获得进步的重要前提。而为梦想坚持,则是孩子注意力集中的动力之一,特别是当家长也专注地向着自己的梦想不断努力时,孩子会深受启发,也会集中注意力去追求自己的梦想。那么,为梦想坚持究竟会给孩子的注意力带来哪些积极的影响呢?

1. 梦想为孩子提供了一个专注的目标

孩子可能不知道梦想是什么,但这并不等于说孩子没有梦想。孩

子的梦想使他的注意力有了一个专注的目标，而努力去实现梦想就是孩子的注意力变得集中的动力之一。因此，当孩子告诉你他有一个梦想时，不要嘲笑他，更不要用大人的眼光去否定他，而要帮助他去认识梦想，从而更加坚定地去追逐梦想。

2. 梦想为孩子提供了集中注意力的内在动力

有梦想的孩子，目标更明确；能为梦想坚持的孩子，任务更明确，他们在生活、学习上都有自己的计划和进度。可以说，梦想能为孩子集中注意力提供内在动力，让孩子的注意力越来越集中，越来越稳定。

孩子的梦想看似有些遥不可及，或是微不足道，实则却隐藏了孩子的兴趣和热情，再没有比激发孩子的兴趣和热情更好的让孩子集中注意力去学习的方法了。因此，每个家长都应该像对待自己的梦想一样去尊重孩子的梦想，并告诉孩子梦想还是要有的，爸爸妈妈也在为梦想努力着，哪怕年龄大了，失败了很多次，但依然还在为梦想坚持，还在专注地追逐梦想，用实际行动为孩子树立榜样，陪孩子一起为梦想坚持。

细节 49 对不起,刚才是妈妈情绪失控了!
——控制自己的情绪,不做孩子情绪的污染源

妈妈:你这孩子,怎么又不吃青菜了?

孩子:妈妈,我不喜欢吃。

妈妈:你不喜欢的事情多了,你还不喜欢学习呢,但是你不喜欢就能不学了吗?

孩子:妈妈,您别生气了,我吃还不成吗?

作为家长,我们不仅要处理工作,还要处理各种琐事,难免会出差错,从而导致情绪不佳。这时我们的情绪很可能因某个触点而失控,进而把不良情绪传递给孩子,以致增加了孩子的心理负担,分散了孩子的注意力。

1. 家长的坏情绪可能会"污染"孩子的注意力

家长情绪不佳时,孩子是能够感受到的。孩子生怕惹家长生气,就会变得小心翼翼、紧张兮兮,这会导致孩子做事、学习都难以专心。另外,有些家长无法控制自己的坏情绪,总是有意无意地把负面情绪传递给孩子,导致孩子心理委屈,思想消极,注意力无法集中。

由此可见，孩子的注意力很可能会被家长的坏情绪"污染"，从而变得更加分散。

2. 失控的情绪常常会分散注意力

无论是家长，还是孩子，注意力都经常会被失控的情绪分散。当家长控制不住自己的情绪，时常因情绪失控而对孩子大吼大叫时，孩子也可能会学习家长的行为，从而无法控制自己的负面情绪，最终可能会导致孩子的注意力分散。

每一位家长都应该控制好自己的情绪，不要随意把坏情绪带到家里，以免给孩子的心灵、思想造成不良影响，导致孩子在学习和做事时无法集中注意力。

细节 50　孩子，你的思想是独立且自由的！
——不强行把自己的思想塞给孩子

妈妈：宝贝，你可要好好学习啊，爸爸妈妈的梦想能否实现就全靠你啦！

孩子：妈妈，为什么你们的梦想要靠我来实现呢？

妈妈：因为爸爸妈妈当时没有实现梦想的能力和条件，而你现在都具备了呀。

孩子：可是我为什么要去实现你们的梦想呢？那我自己的梦想怎么办？

有些家长总是强行把自己的喜好、思想、梦想强加给孩子，喜欢替孩子决定学什么、要有什么梦想、将来要成为什么样的人，却一点不关心孩子是否喜欢，是否能够集中注意力去学习。其实，孩子在做自己不喜欢或不愿意做的事情时，注意力是很难集中的，理由如下。

1. 家长的思想违背孩子的意愿，分散了孩子的注意力

家长强行把自己的思想塞给孩子，从表面上看，孩子算是接受了家长的思想，但其实并不然。孩子是否真正接受家长的思想，还得问

问他的注意力是否在它上面。能够独立思考且能按自己的想法去努力的孩子，不论做什么，都能够迅速集中注意力，学习能力相对较强；而有自己的想法却不得不按父母的想法去生活的孩子，注意力常常会因为内心排斥父母的想法而难以集中，即便是集中了，也维持不了多久。

2. 追逐自己的梦想时，注意力更容易集中

任何人在追求自己的梦想时，注意力都是最集中的。每一个能独立思考的孩子都会树立梦想，并愿意为这个梦想去学习、去探索，愿意全身心地投入自己的梦想中。反之，那些被家长寄予厚望，背负家长梦想的孩子，常常会出现走神、多动、情绪不稳定、做事有始无终等情况，注意力因此也变得难以集中。

纪伯伦在《先知》第四章"论孩子"中说道："你的孩子，其实不是你的孩子，他们是生命对于自身渴望而诞生的孩子。他们通过你来到这世界，却非因你而来，他们在你身边，却并不属于你。你可以给予他们的是你的爱，却不是你的想法，因为他们自己有自己的思想。"

纪伯伦的这几句诗的意思是说：孩子并不是因为家长才来到这个世界的，他们并不属于家长，即他们是独立的；家长可以把自己的爱给孩子，但不能把自己的想法强加给他，因为孩子有自己的思想。总而言之，每一个孩子都是独立且自由的，正是这种特性可以使孩子的注意力快速集中，并保持一定的稳定性。

细节 51 嘘！小点声，爸爸在学习哦！

——用行动告诉孩子专注学习很重要

妈妈：宝贝，小声一点，爸爸正在学习哦！

孩子：对不起，妈妈，我没注意到呢！幸亏我没有打扰到爸爸。

妈妈：是呢！妈妈现在没时间陪你玩耍，你要不要去跟爸爸一起学习呢？

孩子：嗯，妈妈您忙您的，我去坐在爸爸旁边看书。

有些家长几乎每天都在跟孩子说"学习很重要"，但孩子似乎跟没听见或听不懂一样，学习时总走神，在书桌前坐不住，注意力无法集中在学习上，许多家长为此深感头疼。其实，强调再多遍"学习很重要"，都不如家长拥有良好的学习习惯更有教育意义和说服力。

1. 用行动告诉孩子学习是自己的事，要专注

孩子的学习动机大多分为两种：一种是为父母学，一种是为自己学。凡是认为学习是为了父母的孩子，学习时都很难保证一心一意，很难把注意力持久地保持在学习上；而那些认为学习是自己的事的孩

子，学习时大都很专注，能够在学习上保持高度集中的注意力。当父母养成良好的学习习惯时，就是在用行动告诉孩子学习是自己的事，从而能帮助孩子更专注地学习。

2. 家长专注学习，可营造浓厚的学习氛围

在一个家庭里面，若是有一位或两位家长拥有良好的学习习惯，那家长就会在无形中成为家庭成员学习的主导力量，轻而易举就能营造出浓厚的学习氛围，带动孩子的学习积极性。一般来说，拥有良好学习习惯的人大都是爱书之人，爱书便会买书、藏书，家里就会有书可寻，有书可读，这会在潜移默化中让孩子爱上学习，主动学习，专注学习。

家长与其天天对孩子说学习很重要，要集中注意力学习，不如身体力行，自己先专注学习、积极学习、主动学习，养成学习的好习惯，用行动告诉孩子专注学习很重要，父母一直都在学习，为孩子树立集中注意力的榜样。

细节 52　今天跟爸爸去公司上班吧!

——带孩子去公司,让孩子看见家长专心工作的状态

> 爸爸:儿子,今天爸爸要加班,妈妈又出差了,没人带你呀!
>
> 孩子:那怎么办?我可不想一个人闷在家里。
>
> 爸爸:要不,你跟爸爸一起去公司上班吧?
>
> 孩子:咦,这倒是个好主意!我很喜欢跟爸爸去公司呢!

家长工作,孩子学习,虽然两者是分开作业的,但却有很多共同点,而需要集中注意力就是其中一个。无论是家长工作,还是孩子学习,都必须集中注意力。家长带孩子去公司上班,是可以启发孩子集中注意力做事或学习的。

1. 工作或学习都需要坐得住、沉得下心

对于大多数职场人士来说,工作首先得坐得住,其次是能沉得下心,这样才能集中注意力专心工作。孩子的学习也一样,要先在课堂上、书桌前坐得住,然后能沉得下心来学习,才能将注意力集中到学

习上。家长带孩子去公司上班，可以让孩子切身感受到家长及周围同事坐得住、沉得下心的工作氛围，让孩子知道不管是学习还是工作，都要保持高度集中的注意力。

2. 工作或学习都需要专心、用心和细心

专心、用心和细心是做好每一份工作的前提，也是学好每一门知识的前提。周末需要工作的家长可以找机会带孩子去公司上班，让孩子看到成人专心、用心和细心工作的样子，并借此机会教导孩子：不论是学习还是工作，都需要保持高度的注意力，只有做到专心、用心和细心，才能有所收获。这样做会加深孩子的印象，会让孩子更加理解和尊重家长。

带孩子去公司上班，目的是给孩子树立专注工作、认真上班的形象。如果家长本身的工作条件不允许，或是孩子太闹，那家长就得好好酌情考虑要不要带孩子上班了，以免给孩子、同事和领导带去不好的影响。

有条件且有机会的父母可以考虑偶尔带孩子去公司上班，给孩子一个了解家长工作内容、拓宽眼界、认识付出与收获的机会，让孩子明白集中注意力的重要性，即不论是家长工作，还是孩子学习，都需要全身心地投入。

细节 53　你和爸妈是平等的！

——不向孩子展示家长权威，与孩子建立平等关系

妈妈：儿子，游戏结束了吗？咱们是不是可以回家啦？

孩子：好的，妈妈，您什么时候来的呀？我怎么都没发现您来了呢？

妈妈：因为你的注意力都集中在游戏上了，所以才没发现妈妈到了。

孩子：嗯，谢谢妈妈没有打扰我和小伙伴玩游戏哦！

　　平等的亲子关系更容易让孩子明白自己学习和做事的意义，更容易让孩子养成自觉、专注的习惯，也更容易提高孩子注意力的稳定性。而亲子关系是否平等，则是由家长和孩子共同决定的。若是家长一味地用"你要""你应该""你不能"等命令式口吻支配孩子，那无形中就向孩子展示了家长的权威，亲子关系就会变得不平等；反之，如果家长给孩子的是爱、理解、支持和鼓励，那亲子关系自然比较平等。以上两种不同的亲子关系对孩子注意力的影响不同，具体表现如下。

1. 用命令式口吻树起的家长权威，可能会分散孩子的注意力

有些家长喜欢支配孩子，总是用命令式的口吻对孩子发号施令，他们希望孩子绝对顺从自己。殊不知，这种独裁式的教育方式根本就无法让孩子集中注意力去思考和学习，不利于培养孩子的学习能力和独立思考能力，反倒给孩子一种被压迫的感觉。这样做容易使孩子事事看父母脸色，处处小心谨慎，时间长了，孩子就失去了自觉意识，注意力自然而然地就溃散了。

2. 与孩子平等相处，为孩子集中注意力提供保障

和孩子平等相处的家长更懂得尊重孩子的意见，更有耐心倾听孩子的想法，更明白兴趣爱好对孩子的重要性，他们愿意并喜欢跟孩子沟通，愿意给孩子自主权，让孩子去做自己想做的事，这会使孩子拥有健康的身心、健全的人格，这些都是孩子注意力集中的前提和保障。

单从对孩子注意力的影响来看，越是平等相处的家庭，孩子的注意力越集中，注意力的稳定性、持久性越强。反之，越是不平等的家庭，孩子越会整天生活在家长的权威之下，不利于其注意力的集中和培养。

因此，家长不应向孩子展示权威，而要与孩子平等相处，以帮助孩子集中注意力并对其注意力进行培养。

细节 54 你愿意帮妈妈分担一些家务吗?
——不过度呵护孩子,培养孩子注意力的稳定性

妈妈:宝贝,今天周六,妈妈有很多家务活要做,你愿意帮妈妈分担一些吗?

孩子:当然愿意啦!妈妈想让我帮忙做点什么呢?

妈妈:要不你陪妈妈把这些晾干的衣服叠起来?

孩子:好啊好啊!妈妈教我怎么叠衬衣,好不好?

对成年人来说,做家务很简单,三两下就搞定了。可对孩子来说,做家务可就没那么简单了。如果孩子注意力不够集中且稳定性不强,便很难有毅力去克服做家务时遇到的各种困难,很难获得日常生活技能,将来独立生活能力势必会受到影响。让孩子帮助分担家务,对其注意力的集中和稳定是有益的,看似简单又繁杂的家务,却可以训练孩子注意力的稳定性和分配能力。

有些家长以为不让孩子做家务是为孩子好,事实并不是这样的。家务事看似简单,本质却是烦琐的,要想把每一件家务事都做好,注意力必然要保持一定的稳定,如果想同时处理几件家务,就要懂得合

理分配注意力。孩子的注意力正在形成阶段，注意力的稳定性和分配能力还比较差，而简单又繁杂的家务正好可以训练这两项内容。

很多家长都把孩子捧在手心里，个别家长更是过分宠爱孩子，他们帮孩子洗衣服、叠被子、收拾书桌……剥夺了孩子体验生活、做家务的机会，导致孩子过于依赖父母，无法独自克服困难，意志力不坚定，注意力难以持久。

几乎每位家长都愿意为孩子任劳任怨，愿意把最好的留给孩子。不过，给孩子再好的物质生活、再多的金钱、再贵的教育，都不如教给孩子责任、担当、自信、感恩更有价值，而这些都可以通过做家务获得。最重要的是，孩子在做家务的过程中，不但能提高生活技能，还能培养注意力，提升注意力的稳定性。可见，让孩子做家务，是一件对孩子的注意力很有益的事情。

第六章

自我管理：孩子注意力集中的长效保障

自我管理能力，是指对自己的约束能力，涵盖很多方面的内容，如情绪控制能力、自理能力、学习能力、自律能力、面对挫折的能力等。孩子自我管理能力的强弱，直接决定了孩子注意力稳定性和持久性的强弱，可以说，自我管理能力是孩子注意力集中的长效保障。

细节 55　今日事，今日毕！

——事有轻重缓急，让孩子提前做好规划

妈妈：儿子，今天的作业做完了吗？

孩子：没有呢！还差一点，但是不急，我可以明天上午再做，因为作业要明天下午才交。

妈妈：不可以这样哦！今日事，今日毕，今天的事情今天就要做完哦！

孩子：可是，我现在好困！想睡觉呢！

做事没有计划、学习没有规划的孩子，总是遇到什么事就做什么事，拿到什么书就学什么，不懂得事有轻重缓急之分，无法做到今日事，今日毕。这是因为他们的注意力总是会被其他事情转移，注意力难以集中在眼前的事上，做事马虎、毛躁、慌慌张张、丢三落四的，难以保质保量地做好事情。因此，让孩子意识到事有轻重缓急，对其注意力的集中十分重要。为此，家长要做好引导。

1. "事有先后，用有缓急"，要把注意力集中在要紧事上

每个人的精力都是有限的，若是把精力花费在一些不必要的琐事

或是长时间地放在一件事上,那必然会影响做其他事情的注意力,难免会耽误其他事情的完成进度。因此,家长要告诉孩子"事有先后,用有缓急",引导孩子将注意力集中到要紧事上,争取用有限的注意力高质量地完成更有意义的事。

2. 做好学习规划,集中注意力专注学习

对大多数孩子来说,学习是枯燥的、不得不做的要紧事。为了能短暂地逃避学习,有的孩子就会磨磨蹭蹭,能晚一会儿是一会儿;有的则全凭自己的喜好来选择学习科目,总是先学自己喜欢的科目;有的则是哪门功课简单就先做哪门。这些习惯要么直接导致孩子注意力难以集中,要么使孩子产生畏难情绪,遇到困难无法集中注意力,无法独自完成自己应该做的事。

其实,学习也有轻重缓急之分。如果没有好的学习规划,孩子的学习积极性就会受到影响,学习态度相对会比较散漫,学习时的注意力容易受到周围因素的干扰,很难保质保量地完成各个科目的学习。

今日事,今日毕,今天的学习任务,今天就要完成。在今天的事情、学习没有做完之前,我们要教孩子先放下那些琐碎的小事,引导孩子把注意力集中到更重要的事情上,让孩子从小建立有条理、有计划的思维方式,从而保证每天都能把注意力集中在要紧事上,提高做事、学习效率。

细节 56 冲动容易犯错，千万不能冲动哦！
——培养强大的自制力，破解孩子注意力不集中的难题

> 妈妈：儿子，你刚才冲妈妈发脾气了，妈妈现在很伤心！
> 孩子：对不起，妈妈，我刚才一时没忍住，冲动了。
> 妈妈：冲动容易犯错，千万不能冲动哦！
> 孩子：嗯，妈妈，我以后会控制的，我要做情绪的主人。

　　自制力是一种控制自我情感、行为和思想的能力。拥有强大自制力的孩子，即便没有人监督，也能自觉地抵制诱惑，集中注意力去做自己应该做的事；反之，自制力较差的孩子，即便有人监督，注意力也很难保持长久地集中。

　　由此可见，自制力与孩子的注意力息息相关。一般来说，自制力较差的孩子，注意力比较难集中。

　　有些家长会认为，孩子现在还小，不懂得什么是自制力，自制力差点儿也没关系，等孩子长大了，自制力自然就变强了。但是，孩

子一旦缺乏自制力，注意力就很容易被周围的事物分散，从而变得难以集中。注意力难以集中的孩子很难真正静下心来认真学习、专心做事，这样孩子的学习力和自主性都会直接受到影响。

孩子自制力薄弱，既有自身的原因，也有周围环境的原因。因此，要培养孩子强大的自制力，破解孩子注意力不集中的难题，还需要从多方面入手，如家长的榜样、周围的环境、家长的教育方式、孩子的意志力等，这样才有可能帮助孩子建立起强大的自制力。

美国研究注意力障碍的学者巴克利指出：注意力障碍的背后是儿童不能控制自己的行为。

从巴克利的这句话可以看到，孩子的注意力与自控力密切相关。要想破解孩子注意力不集中这个难题，培养孩子强大的自制力便是必不可少的一点。因此，在教育孩子的过程中，家长务必要重视孩子自制力的培养。

细节 57 生活无小事,每一件事都需认真对待!
——培养孩子认真做事的好习惯

妈妈:儿子,你为什么不愿意每天都叠被子?

孩子:反正晚上又要盖,叠不叠无所谓。

妈妈:儿子,你这样的生活态度是不对的,生活没有无所谓的小事,每一件事都需要我们认真对待。

孩子:这又是何必呢?

生活中,我们常常会遇到一些可做可不做的事情,不同的人对这些事有不同的看法。有的认为干脆就不要浪费时间去做了;有的认为生活无小事,每一件都需要认真对待;有的则是看心情,想做便做,不想做就不做。有些事情正是因为可做可不做,从而容易让孩子养成做事不专注的习惯,详细情况如下。

1. 孩子误认为既然可做可不做,那不专注也可以

早上的床铺要不要整理,一个脏碗要不要洗,房间要不要每天打扫,书桌要不要天天擦……这些似乎都是一些可做可不做的事情,家长常常会忽视孩子做这些事情的专注度,从而让孩子误以为做这些事情时，不专注也是可以的，最终直接导致孩子在做这些事情时不专注，久而久之，这种不专注会延伸到其他地方，分散孩子的注意力。

2. 注意力可能会被可做可不做的事情干扰

生活中那些看起来可做可不做的事情，常常会在不经意间干扰孩子的注意力。比如，在孩子学习时，忽然发现书桌上有灰尘，然后孩子开始用纸去擦桌子，学习的注意力就这么被分散了。如果孩子每天学习前或学习后认真将书桌擦干净，那其注意力就不会受桌上的灰尘干扰了。因此，不论大事、小事，家长都要引导孩子养成认真做事的习惯，以减少干扰孩子注意力的因素。

孩子认真做事的好习惯，并不是一朝一夕就能养成的，尤其是在孩子注意力的稳定性、持久性都相对较差的情况下，这种好习惯更是难以培养。平时家长要以身作则，有意培养孩子专注做事的习惯，让孩子在潜移默化中养成认真做事的好习惯。

细节 58 没人监督，也要自觉做好自己的事！
——严于律己，培养孩子的自律性

妈妈：儿子，这都快十一点了，你怎么还没开始做作业呢？

孩子：我在等妈妈呀！妈妈不是才刚刚回来嘛！

妈妈：儿子，以后你得学会主动学习，即便妈妈没回来，也要自觉做作业。

孩子：可是，如果妈妈没回来，就没人监督我啊！

如果没有大人监督，有些孩子就不做作业、不做事情，事后还理直气壮地怪大人不在，这种不自觉的行为显然会让孩子对父母过度依赖，以至于只要大人不在，孩子的注意力就开始分散，这无疑会阻碍孩子的成长和进步。关于孩子无人监督，就不自觉做好自己的事的原因有很多，主要有以下两点。

1. 孩子认为大人不在，专注也没人看

在大人面前，有些孩子无论是做事，还是学习，都非常专注。可一旦大人不在身边，他们就立刻表现出散漫、懒惰的态度，做事马虎,学习不专心。他们的潜意识认为:反正大人又不在,我专注给谁看呢?这些孩子的自我管理能力一般比较差,注意力总是会受到外界因素的干扰。

2. 孩子自律性差,依赖性强

自律性差、依赖性强的孩子,自主性通常较弱。在没有人监督的情况下,他们大都处于不知道自己要做什么的状态,有的孩子知道自己要做什么,但是自律性差,注意力分散,常常是一拖再拖,最终也无法独自将自己的事做好,反而导致注意力变得更加分散。

每位家长的精力都是有限的,不可能每时每刻都陪在孩子身边,盯着他学习,看着他做事,这是不可能实现的。因此,家长必要培养孩子的自律性,一方面是为了减轻自己的负担,另一方面则为了培养孩子的自我管理能力。

岳飞说过:"正己而后可以正物,自治而后可以治人。"因此,要想管理他人、他物,就要先管好自己,提高自我控制能力,这是大人、孩子都必须谨遵的一点。在培养孩子的过程中,家长不可忽视对孩子自律性的培养。

细节 59 你说到做到了,真棒!

——说到就要做到,做事才会更专注

妈妈:哇!儿子,咱家是你收拾的?

孩子:是的,这都是我一个人收拾的哦!

妈妈:我以为你昨天跟我说要帮我收拾屋子是开玩笑的呢,没想到你还真的说到做到了啊!

孩子:那是,男子汉,必须说到做到。

能够说到做到的孩子,在做出承诺之后,很少会因为中途遇到困难而放弃,也不会因为承诺的事情小而敷衍,他们会认真、专注地把事情做到极致,这是他们对承诺的态度,也是他们做人的高尚品质。家长在面对孩子做出的承诺时,要注意态度,不可将其当作耳旁风,要引导孩子积极实现承诺,具体做法如下。

1. 尊重孩子的承诺,引导孩子集中注意力实现承诺

对于孩子说出的承诺,有些家长根本就不会将其放在心上,他们认为那不过是孩子随口一说的。因此,他们并不关心孩子能否真正做到,更不会去帮助孩子实现承诺。如此一来,孩子的信心便会受到打

击，注意力也不再集中在如何实现承诺上。家长首先得尊重孩子的承诺，而后才能积极引导孩子集中注意力去实现承诺。

2. 引导孩子坚持兑现承诺，不分散孩子的注意力

在孩子说出承诺时，家长要做出引导，要告诉孩子：说出去的承诺，再难也要坚持，再小也要兑现。在孩子遇到困难时，家长要和孩子一起想办法解决困难，或是教导孩子遇到困难要懂得向身边的人求助，以求把事情做好。家长切忌告诉孩子："你还是个孩子，做不到的话就放弃，没有人会责怪你的。"这样做只会分散孩子的注意力，让孩子养成半途而废的坏习惯。

培养孩子说到做到的能力，是需要家长和孩子共同来完成的。家长在这个过程中，常常扮演的是指导者、陪伴者、鼓励者的角色，而孩子才是真正的主角。因此，家长不要借助自己的权威喧宾夺主，剥夺孩子成长的机会。在教育孩子的过程中，家长要告诉孩子承诺本身所承载的意义，即便是孩子，也要慎重许诺，而且许诺后就要集中注意力去实现诺言，千万不可将承诺当儿戏，中途放弃或根本没有把它放在心上。

细节 60 我这身衣服是不是很奇怪呀?

——管理好自我形象,保护注意力不被干扰

妈妈:儿子,我看你今天在舞蹈课上总是低头看自己的衣服,这衣服哪里不对吗?

孩子:妈妈,我穿的这身衣服是不是很奇怪呀?

妈妈:没有啊,不奇怪。

孩子:总感觉哪里怪怪的。

　　自我形象管理包括对自我的着装、礼仪、语言等进行管理,一套不合身的衣服、一句不合时宜的语言、一个不太礼貌的动作等都可能会成为干扰孩子注意力、致使孩子注意力被转移的因素。因此,家长引导孩子管理好自我形象,其实也是在保护孩子的注意力不被干扰,具体可以从以下两个方面着手。

　　1. 关注着装,不让着装分散孩子的注意力

　　好看的衣服未必合身,合身的衣服也未必好看,而衣服不好看或不合身都可能会分散孩子的注意力。比如,当孩子穿了一件大小不太合适的衣服去学校时,他的注意力很可能会被这件不合适的衣服所带

来的不舒服感或不便性转移，从而无法专心听课。因此，家长在给孩子挑选着装时，除了要关注好不好看，还要注意合不合身，尽量不要让孩子的着装干扰他的注意力。

2. 管理好自我形象，保护孩子的注意力不被干扰

一些家长会认为，孩子小，没有自我形象；还有一些家长会简单地将自我形象当成名牌服装。事实上，孩子也有自我形象，而且这个自我形象不单单指穿着，还包括了语言、行为、礼仪等。一个自我形象比较差的孩子，很可能会因为过度关注自我形象而导致无法将注意力集中到要做的事情上，从而无法合理地分配注意力。

为了不让孩子的注意力因自我形象太差而被干扰，家长还要帮助孩子从行为、礼仪等方面建立良好的自我形象。比如，家长在给孩子买衣服时，可以多听听孩子的意见；在平时的生活中，家长也要注意自己的语言和行为方式，给孩子树立一个好的榜样。

细节 61 做事要有始有终，不能半途而废！
——鼓励孩子直面挫折，坚持做好每一件事

妈妈：儿子，你再坚持一下，就差最后几个单词没写了，集中注意力几分钟就写完了。

孩子：我不想写了，我太困了。

妈妈：儿子，咱做事得有始有终，不能半途而废呀。

孩子：好，不就是几个单词嘛！我写，我才不要当半途而废的人呢！

注意力不集中的孩子，做事常常三分钟热度，经常半途而废。若是任由孩子这么发展下去，不仅会导致孩子的注意力越来越分散，还会使孩子养成一种遇到挫折就逃避、推脱的坏习惯。那么，导致孩子做事三分钟热度的原因有哪些呢？这些原因与孩子的注意力又有什么关系呢？

1. 家长的妥协是对孩子三分钟热度的默许

有些孩子好奇心很强，一看到某个新奇的东西就吵着要玩，但是玩一会儿就扔下去做其他的事情。遇到这种情况，有些家长虽然头疼，但还是妥协了。殊不知，家长的这种妥协，其实是在默认孩子做事、玩耍可以半途而废。孩子之所以会出现做事三分钟热度的情况，大都是因为孩子的注意力不够稳定、持久性不强，无法在一件事情上保持长久的专注。

2. 要做的事情有难度，孩子无法集中注意力去做

要集中注意力去做一件有难度的事情，不论是对大人，还是对孩子来说，都是一件极具挑战性的事。要做的事情有难度，孩子一时无法克服眼前所遇到的困难，或是因为害怕做不好，从而难以集中注意力，进而放弃所做的事。这便是某些孩子做事半途而废的原因之一。

孩子做事半途而废的原因还有很多，比如，出现了更好玩的事，事情太烦琐，不想动脑……要想彻底改变孩子半途而废的陋习，可以先让孩子学会集中注意力。

在《荀子·劝学》中有这么一句话："锲而舍之，朽木不折；锲而不舍，金石可镂。"这句话告诉我们：做事情不要半途而废、有始无终，要懂得坚持不懈、持之以恒。不管是学习还是玩耍，都需要集中注意力去认真对待，否则就会导致学也学不好，玩也玩不痛快，最终只会一无所获。

细节 62　成绩差不等于你很差劲!

——正确对待考试成绩,专注对待学习

妈妈:宝贝,你是不是还在为考试不理想而难过呢?

孩子:嗯,我怎么就这么差劲呢?考那么低的分数!

妈妈:儿子,考试成绩分数低并不等于你很差劲,你这种想法是不对的。

孩子:妈妈说得对,我不能因为一次考试成绩不理想而完全否定自己,我还有很多优点呢!

考试成绩是否理想只是考核某阶段学习情况的指标,但并不是绝对的标准,它不能作为评判孩子是否优秀的标准。家长怎么看待孩子的考试成绩影响孩子对待考试成绩的态度,而孩子对待考试成绩的态度又决定他对待学习的态度,而学习态度是否专注与孩子的学习效果息息相关。因此,家长要学会正确对待孩子的考试成绩,并引导孩子集中注意力专注学习,具体做法如下。

1. 不盲目给孩子贴标签,不否定孩子的学习态度

孩子学习态度端正而成绩却不理想,这是很多家长都无法想通

的一个问题。家长们可能会认为,既然孩子学习态度是端正的,那学习成绩自然不会太差。事实上,一次不理想的成绩并不代表孩子不优秀,或表示孩子学习态度不端正,家长不能因此而盲目地给孩子贴标签,从而否定孩子的学习态度,这会对孩子造成很大的打击,进而分散孩子的注意力。

2. 及时指出孩子因不专注、粗心所犯的错误

有些孩子成绩不理想并不是因为知识点不会,而是因为考试时注意力不集中,粗心大意犯了不该犯的错误。针对这种情况,有的家长认为只要孩子掌握了知识点就行,成绩低点也没关系。这种观点其实是在默许孩子可以不集中注意力,这是不对的。针对孩子粗心马虎而做错题的情况,家长要及时指出错误,并告诉孩子这些错误只要专心点就不会错,提醒孩子要集中注意力。

俄国著名作家列夫·托尔斯泰说:"重要的不是知识的数量,而是知识的质量,有些人知道很多很多,但却不知道最有用的东西。"可见,学习不仅要掌握知识,还要注重知识的质量。掌握的知识数量多,不一定会让你的成绩有所提高;但是掌握的知识质量高,一定会让你的成绩得到提高。要想掌握高质量的知识,就必然要先端正学习态度,将注意力专注在学习上。

细节 63 没有不聪明的孩子，只有懒孩子！
——帮助孩子克服惰性，培养孩子的进取心

妈妈：哎哟，你这是怎么了，怎么不高兴呢？

孩子：烦。妈，您是不是觉得我特别笨啊？

妈妈：你这孩子瞎说什么呢？你一点儿都不笨。因为世上没有不聪明的孩子，只有懒孩子。

孩子：可是，懒孩子不就是不聪明吗？

懒惰常常是孩子注意力不容易集中的一个重要原因。懒惰的孩子常常会消极地应对学习和其他任务，为了逃避某件事，常常会在一件事上拖拖拉拉、磨磨蹭蹭，遇到困难时也懒得动脑，甚至干脆放弃，这些都会给人一种孩子不够聪明的错觉。

孩子懒得动手和懒得思考是最应该克服的惰性。懒得动手会让孩子养成衣来伸手、饭来张口的惰性，懒得思考则直接影响孩子的思维能力和学习能力。时间长了，孩子就会失去进取心，变得越来越懒惰了。

不想动手，懒得思考的孩子往往对家长有着强烈的依赖性。当他们不想做某事或遇到不会做的事时，情绪就会产生强烈的波动，转而把事情抛给家长。久而久之，这种惰性就会变强，惰性越强，孩子越难集中注意力做事、学习，从而更没进取心。

我国现代著名作家茅盾说："天分高的人如果懒惰成性，亦即不自努力以发展他的才能，则其成就也不会很大，有时反会不如天分比他低些的人。"

由此可见，再聪明的人若是懒惰成性，也不会有太大的成就。这是因为懒惰的人不愿意集中注意力去充实知识技能和发展自身才能，最后只能埋没自己的聪明才智，沦为平庸之辈。所以，家长要帮助孩子克服惰性，养成勤动手、善动脑的好习惯，从而能够保持稳定、持久的注意力。

细节 64 一分耕耘一分收获，学习没有捷径！
——只有专注学习，才能提升学习能力

妈妈：儿子，你这是怎么了？怎么垂头丧气的？

孩子：妈，您说我的成绩怎么就提不上去呢？

妈妈：儿子，学习是没有捷径的。只要有一分耕耘，就有一分收获，只要你坚持好好学习，成绩自然会得到提高。

孩子：可是，我要坚持多久呢？

学习是一个日积月累的过程，需要孩子保持长久的学习心态，而且这个长久是没有期限的。注意力不稳定或持久性不强的孩子常常会因为看不到成绩提高而失去耐心，从而无法专注于学习。之所以会出现这种情况，主要原因有两点。

1. 总想着找捷径提高分数

有的父母认为，只要孩子能在考试时拿到理想的成绩，那么平时怎么学就不重要了。很显然这是一种错误的思想，就拿孩子为了获取理想的高分而走捷径的行为来说，这样的高分所展现的并不是孩子的真实水平。

有些孩子，为了能在考试时拿到高分，不惜花费时间和精力去寻找快速提高分数的捷径，脑子里总想着能用最短的学习时间，来获得最高的考试分数。诚然，这么做的确能够在短期内提高考试成绩，但长此以往，孩子基础知识不扎实、遇到事情没有耐心、综合能力不强等问题就会逐渐形成，而这些问题会成为孩子成长、成才道路上的绊脚石。

2. 在父母面前假装专注学习

在家长的监督下，有些孩子学习时注意力也很集中，但这可能并不是发自内心的专注，很可能是他们做给大人看的，是装出来的。或许，这种行为能瞒过家长，能使孩子从家长那里得到更多表扬和关心。但是，这种假装出来的专注，其实是孩子正在把本应该集中在学习上的注意力转移到如何装出专心学习的样子去哄父母高兴上。从本质上来分析，这其实是一种自欺欺人的行为，是在变向地分散孩子的注意力。

要想让孩子认识到学习没有捷径，首先家长要摆正心态，不要盲目地以成绩高低来评价孩子，更不要只看到孩子假装学习的表象。其次，家长要引导孩子正确地看待成绩，要让孩子意识到学习的真正意义，从而主动将注意力集中在学习上。

东晋著名诗人陶渊明说："勤学如春起之苗，不见其增，日有所长；辍学如磨刀之石，不见其损，日有所亏。"这句话告诉我们学习是一个由量变到质变的长期累积的过程，即使我们看不到每天的进步,但只要坚持学习,就一定会取得进步。反之,虽然我们每天不好好学习,也看不到有退步的地方,但长此以往,退步就会慢慢凸显。因此,家长要让孩子意识到学习没有捷径,要想提升学习力和增长知识,就必须在学习时集中注意力。

第七章

增强时间观念：提升孩子注意力的重要方式

时间好比一把双刃剑，既能让孩子的注意力变得更加集中，也能让孩子的注意力更加分散，关键就在于孩子是否拥有时间观念。孩子的时间观念越强，注意力的稳定性和持久性就越强。因此，培养孩子的时间观念，也能有效提升孩子的注意力。

细节 65 时间就是生命,浪费时间就等于浪费生命!

——克服拖拉、磨蹭陋习,提高孩子做事的注意力

妈妈:儿子,你的作业为什么还没做完?

孩子:哎呀,妈,今天作业不多,我先玩会儿,等会儿再做作业。

妈妈:你这孩子,做作业怎么总是拖拖拉拉的呀?

孩子:反正有的是时间嘛!

在孩子眼中,成长是一个缓慢的过程,时间是取之不尽,用之不竭的。因此,他们的潜意识里会认为"反正有的是时间",这种潜意识在无形中会促使他们做事、学习磨磨蹭蹭,注意力总是难以集中起来。为什么孩子的潜意识里会认为时间有的是呢?主要原因有两点。

1. 家长认为孩子没有时间意识,忽略了孩子的时间也是生命

每一个成年人都知道时间就是生命,每一分每一秒都很宝贵,每一分每一秒都值得专注,这样活着才更有价值。可有些家长却忽略了孩子的时间也是生命,也值得专注这个事实。时间是平等的,大人、孩子每天都只能拥有二十四个小时,家长不能因为孩子没有时间意

识,就任由孩子在分散注意力中浪费时间。

2. 孩子认为日子千篇一律,对生命表现得不专注

孩子每天要做的事情都是重复的,上课、放学、做作业、上兴趣班……日子千篇一律,时间一成不变。于是,他们盼望着赶紧长大,祈祷时间快点走,甚至慢慢地对学习、玩耍、做家务等表现出不耐烦的态度,开始敷衍应付,其结果是注意力有意无意地分散了,这其实是对生命的不专注。

可以说,孩子是没有时间意识的,即便有,也不会很强烈,他们不会像珍惜生命一样珍惜时间,这就导致他们养成拖沓磨蹭、做事不专注的陋习。因此,在要求孩子珍惜时间之前,家长要先让孩子有时间的意识。

高尔基说:"世界上最快而又最慢、最长而又最短、最平凡而又最珍贵、最容易忽视而又最令人后悔的就是时间。"时间就像生命一样,是一条带箭头的单行线,浪费了、忽视了,就不会再有了。所以,家长要设法让孩子了解时间的真正意义,意识到时间就是生命,浪费时间就是浪费生命,以此来引导孩子克服拖拉、磨蹭的陋习,提升做事的注意力。

细节 66 现在是练习书法的时间!

——做好时间规划,到了什么时间就专心做什么事

> 妈妈:儿子,又到了练习书法的时间喽!
>
> 孩子:嗯呢,我知道了!我正在清理书桌,准备笔墨呢!
>
> 妈妈:不错不错,你时间规划得很好,值得表扬。
>
> 孩子:那是,我现在可是到什么时间就做什么事,绝不一心二用。

做好时间规划,不仅可以帮助孩子合理利用时间,还能让孩子的生活变得更加有秩序。最重要的是能让孩子在特定的时间内专心做某事,这不仅可以使孩子注意力的稳定性和持久性得到提升,还能提高孩子的做事效率。没有做好时间规划的孩子,常常会有以下表现。

1. 做事难以专注,无法按时完成任务

没有做好时间规划的孩子,时间观念一般都比较弱;时间观念弱的孩子,做事通常没有紧迫感,以致拖沓、磨蹭是常有的事,做事很难专注,很难在规定时间内完成本该完成的任务。因此,家长要引

导孩子做好时间规划，从而能够让孩子在某个时间段内专心去做某件事。

2. 难以合理分配注意力

孩子的精力是有限的，而且时段不同，精力的旺盛程度也不一样。而孩子每天要做的事情有很多，这些事情的难易程度各不相同。若是没有做好时间规划，孩子就很可能在精力最旺盛的时候去做最简单的事，这时即便注意力不集中，也能完成任务；反之，孩子也可能在精力不佳的时候选择去做最难的事，导致注意力难以集中，最终产生挫败感。

想帮助孩子做好时间规划，并不是一件容易的事。家长不能只按自己的经验来给孩子规划时间，这样的规划是片面的、不科学的。明智的家长会根据孩子的习惯、思维、性格等各种特征来为孩子合理规划时间。

托马斯·赫胥黎说："时间最不偏私，给任何人都是二十四小时；时间也最偏私，给任何人都不是二十四小时。"同样是二十四小时，因为不同的人对时间的分配方式不同，最终收获的结果也不一样。做好时间规划的孩子常常能够从容不迫地专注于每一件事，似乎他们的时间要比别人多得多；而那些对时间没有规划的孩子总觉得时间不够用，或总觉得时间太多，其注意力总是分散的，这样的孩子很难有所成就。

细节 67 准时就是帝王的礼貌

——培养孩子的守时意识，让其学会合理分配注意力

妈妈：儿子，咱今天跟外教老师约好下午三点见面，现在该出门了。

孩子：妈妈，再等几分钟嘛，这集电视剧马上就要完了。

妈妈：如果再不出门，我们就要迟到了哦！你应该知道守时的重要性，我记得上次外教老师教了你一句德语。

孩子：外教老师说守时是帝王的礼貌，意思是告诫我们不要迟到，要遵守时间。

你可能很难相信，一个没有时间观念的人会在约定的时间里准时出现。一是因为他们压根就没有守时观念，二是因为他们过低的自我管理能力会分散他们的注意力，从而常常因各种各样的原因迟到。其实，孩子没有守时意识，对其注意力的集中是不利的，主要表现在以下两个方面。

1. 没有守时意识，会影响孩子分配注意力的能力

守时是一种素质，不论大人还是孩子，都应当拥有这种素质。孩子是否拥有守时观念，一方面取决于他有没有时间观念，另一方面则取决于他能否合理地分配注意力，而这两者又是相辅相成、相互影响的。因为没有时间观念，孩子便会随意地分配注意力，常常会出现长久地专注一件事或随意转移注意力的情况，这对孩子注意力的集中是非常不利的。

2. 不守时，不专注，注意力难以获得提升

按约定完成自己的任务，不拖延、不迟到，专注做好每一件事情，就是注意力提升的表现。孩子的注意力本身就缺乏稳定性，若是不认真对待，只会导致注意力越来越难以集中。遵守时间的孩子常常能事先安排好自己要做的事情，合理地分配自己的注意力，从而能够最大化地提升注意力。

导致孩子不守时、迟到的原因有很多，但最主要的还是孩子无法合理分配注意力，无法提前对事情、出行计划等做好安排。因此，家长不但要告诉孩子守时的重要性，还要引导孩子学会合理地分配注意力，帮助孩子做好时间安排。

鲁迅在《门外文谈》中写道："时间就是生命，无端地空耗别人的时间，其实是无异于谋财害命的。"不守时，就是在空耗别人的时间，就是在浪费别人的生命。所以，守时是一种非常重要的时间观念。家长要注重训练孩子分配注意力的能力，提前做好规划，树立孩子的守时意识，教导孩子做一个守时的人。

细节 68　你的时间你做主！

——适当放手，让孩子学会安排自己的时间

妈妈：宝贝，我们来做个约定吧，从今天开始，以后你的每个周末都由你来安排，也就是说，以后你周末的时间都交给你自己啦！

孩子：哇！我可以安排我的周末呀！那我就是时间的小主人喽！

妈妈：哈哈，是的，你的周末由你做主。不过，这个约定是有前提的哦，你可以去做任何事，但是必须保证把该做的事情都认真完成了，否则约定取消。

孩子：这没问题，我先把该做的事做了，剩下的时间就都归我啦！

把时间交给孩子支配，这是很多家长想都不敢想的事情，更别说切切实实地放手去让孩子实施了。但是，孩子的时间始终是孩子的，家长可以帮助孩子学习怎么掌控自己的时间，但不能替孩子掌控时间，理由如下。

1. 替孩子掌控时间，容易剥夺孩子的思想

试想一下，如果一个孩子连自己的思想都没有，他又怎么能够去集中注意力去做事呢？有些家长总是要求孩子按照自己的节奏来，把孩子一天的时间安排得满满当当，并为这种行为贴上爱的标签。没错，这的确是爱，但这是一种错误的爱。

家长给予孩子无私的爱本来无可厚非，但若是借着"爱的名义"强行把自己的思想加在孩子身上，以家长的权威身份强制要求孩子按照自己的思想来行事，这就犯了严重的错误。

每一个家长都必须牢牢记住一点：你们要给孩子的是爱，而不是思想，因为每一个孩子都有自己的思想。

2. 替孩子掌控时间，容易使孩子产生惰性思维

孩子的思维一旦产生惰性，就可能引来一系列让家长头疼的表现，比如坐立不安、多动、容易急躁、粗心大意、拖拖拉拉……并且，孩子会认为"反正家长会帮我安排所有时间的，我干吗要动脑子去思考怎么合理利用时间呢！"因此，家长必须学会适当放手，让孩子去思考怎么合理安排时间，从而提升掌控时间的能力。

3. 替孩子掌控时间，可能会引起孩子的逆反心理

让孩子往东，孩子偏往西，总是要和家长对着干，长此以往，孩子的注意力就会被各种小情绪、小动作转移，从而导致注意力不集中。有些家长总是在孩子面前强调自己作为家长的权威，导致孩子对家长产生了敬畏心理，不敢当面表达自己的不满。于是，他们就开始

动小脑筋，开始想各种办法和家长对着来。这样一来，不仅孩子的时间浪费了，注意力也被分散了，而所获得的进步却是极其微小的。

孩子其实远比家长想象的要优秀得多，家长可以通过与孩子约定、给孩子提供一些物质方面的鼓励等方式，适当地放手，把孩子的时间还给他自己，引导孩子学会掌控自己的时间，从而使孩子的注意力得到提升。

细节 69 数学应用题太难了

——把困难拆开，分时逐步解决困难

妈妈：儿子，你那解决应用题的能力最近是否有提升呢？

孩子：没呢！都过去那么多天了，我还是没啥进步。

妈妈：妈妈给你一个建议，你把应用题，尤其是比较难的应用题，拆成小知识点和小题试试。

孩子：这要怎么拆呢？

在孩子成长的过程中，会遇到各种各样的困难，这些困难有大有小，有的容易解决，有的很难解决。对于那些注意力不稳定的孩子来说，他们很难在大困难上有所突破。这时家长可以引导孩子把大困难拆成小困难，然后集中注意力分时逐步去解决各个小困难。

1. 分时是为了缩短孩子集中注意力的时长

对孩子来说，即便周围没有诱惑物，他的注意力也很难保持长久的稳定性，这与孩子的身体发育有关。所以，当孩子遇到比较大的困难时，他很有可能因为注意力不够持久而无法解决困难，并且，困难越是得不到解决，孩子就越慌张，从而就越无法集中注意力。在孩子遇到比较大的困难而注意力又无法保持长久的稳定时，家长要引导孩子拆解困难，把大困难分解成小困难，用以缩短孩子保持稳定注意力的时长。

2. 将大困难拆成小困难

任何成大事者都是从小事做起的，同理，任何大困难都可以分解成小困难。当孩子遇到一时无法解决的困难时，他的意志多多少少都会受到打击。此时，如果要求他抱着这个困难啃，结果只会越啃越糟，越啃越难。这个时候若是有人引导他把困难拆开，然后再集中注意力一个个逐步突破，那他不仅会获得成就感，而且注意力也会得到提升。

引导孩子拆解困难，其实是先让孩子剖析困难，对困难有一定的认识和思考，然后再合理安排时间，分时分步集中注意力解决困难。其实，拆解困难、解决困难并不是最终的目的，最重要的是孩子在解决困难的过程中能提升自己的思维能力。

老子在《道德经》中说道："天下难事，必作于易；天下大事，必作于细。"不管是多大的困难，都得先从容易的事情做起；不管是多大的事，都得从小处、细处做起。对于注意力尚不稳定的孩子来说，引导他们抓紧时间，从易事、小事、细事做起，可提升孩子注意力的稳定性及解决困难的能力。

细节 70 再赖床就赶不上旅游大巴啦!

——别让赖床扰乱计划,以免注意力受到影响

妈妈:宝贝,该起床了,不然一会儿赶不上旅游大巴啦!

孩子:困死了,让我再眯五分钟。

妈妈:不要赖床啦,你再赖床就赶不上大巴,不能去旅行了哦!

孩子:起起起,马上起。

相信不少家长都会有这样的烦恼:孩子总是赖床,怎么叫他都不起;等到终于把孩子叫起时,他上学就要迟到了,家长上班也要晚了。于是,不管是家长还是孩子,都难免会慌慌张张的,如打仗一般,注意力都不知道要集中在哪里了,结果常常是丢三落四的。那么,孩子赖床,会给其注意力带来哪些消极影响呢?

1. 赖床会打乱一天的计划,影响注意力的集中

有的家长看到孩子特困的样子,会不忍心要求孩子起床,常常会

默许孩子赖床几分钟。殊不知，虽然只是赖床几分钟，但原有的计划就会被打乱，洗漱、吃早餐、整理书包等环节常常会变得非常紧张，甚至吃早餐、整理书包等环节还会被省略，而出行会因为时间紧张而增加了更多的危险性。待孩子赶到学校时，因为没有足够的时间做准备，加上早上出门急有可能落下东西，这些都会直接导致孩子一时无法将注意力集中在课堂上。

2. 赖床可能会导致孩子注意力分散

有些家长并不把孩子赖床看成是一种坏习惯，他们以为等孩子长大了，自然就不会赖床了。这其实是在纵容孩子赖床，会使赖床变成一种习惯。当孩子赖床成为习惯时，一天的计划就会受到干扰，原计划的时间会变得紧张，孩子原本不太稳定的注意力就会因为时间紧迫、心里紧张而分散。

每一个孩子赖床的情况都是不同的，家长要根据自家孩子的具体情况采取不同的解决方法，如比赛、讲故事、讲道理、催促等。在保护孩子注意力的前提下，家长可综合采纳其中一种或几种方法，力求让孩子不赖床。

细节71 沙漏里的沙还剩一半,你还能看半小时电视!
——借助沙漏等物件,帮助孩子增强时间观念

> 妈妈:儿子,沙漏里的沙不多了,你还能看半小时的电视哦!
> 孩子:嗯,我知道啦!
> 妈妈:一会儿沙漏完了,你就回屋做作业啊。妈妈要出去一趟。
> 孩子:好的,妈妈,早点回来哦!

大多数孩子的时间观念并不强,而且按照他们的思维方式,时间过得并没有那么快。因此,当家长催促他们去做其他事时,他们总是散漫的,总觉得时间还早。为此,家长们可以借助一些具体的实物,如沙漏、时钟和闹钟等,来帮助孩子增强时间观念。

1. 沙漏:让孩子看到时间流逝,增强孩子的时间观念

时间的流逝是看不见、摸不着的,在孩子一举手一投足间,时间就溜走了。借助沙漏可以让孩子看到时间正在溜走,提醒孩子应该抓紧时间去做某事或是提前为下一件事做好准备。通过沙漏,孩子可以

直观地感受时间的流逝，这可以增强孩子的时间观念。一个拥有时间观念的孩子懂得抓住时间的重要性，从而能够通过抓住时间而去集中注意力，专注地做好手头的事。

2. 闹钟：让孩子明白时间不会永远停留在想做的事情上

因为孩子没有时间观念或者时间观念不强，总是想要再玩会儿、再等等，甚至还想为时间按下暂停键，将时间停在自己想做的事情上。这时，闹钟可以提醒孩子：他们这些想法是异想天开，能让孩子明白时间不会停留在想做的事情上。事实上，孩子的注意力常常会在再玩会儿、再等等中变得更加不集中，注意力的稳定性和持久性也会受到一定的影响。

英国著名教育思想家斯宾塞说："必须记住我们学习的时间是有限的。时间有限，不只是由于人生短促，更由于人事纷繁。我们应该力求把我们所有的时间用来做最有益的事情。"

只有拥有时间观念的孩子，才能意识到时间是有限的，才能让自己静下心来，排除外界的干扰，抵制外界的诱惑，集中注意力去做那些有用且有益的事。由此可见，培养孩子的时间意识、增强孩子的时间观念很重要。家长要学会借助沙漏、闹钟等物件，帮助孩子增强时间观念。

细节 72 时间都去哪儿了？

——注意力不集中的时候，时间也在溜走

妈妈：宝贝，我们今天来玩一个游戏吧！

孩子：什么游戏呀？

妈妈：找一找我们的时间都去哪儿了。

孩子：时间无影无踪的，我们上哪儿找去？

在大多数孩子的潜意识中，时间是周而复始、循环往复的。因为今天过了，还有明天；今年过了，还有明年。于是，他们吃饭慢慢吞吞，做事拖拖拉拉，学习三心二意，最终养成了注意力不集中的坏习惯。殊不知，在他们注意力不集中的时候，时间也在溜走。

1. 时间不会因为孩子的注意力不集中而暂停

在某些家长眼中，孩子的时间有很多。于是，当孩子暂时无法集中注意力时，他们大都不在意。家长的这种不在意的态度相当于是默许孩子可以分散注意力，可以浪费时间。其实，在孩子注意力不集中的时候，时间也在溜走，注意力尚在培养中的孩子也在成长。一旦这种注意力不集中的状态持续的时间长了，不但会浪费孩子的时间，而且对孩子注意力的培养也是不利的。

2. 孩子的时间都去哪儿了

在同一天内，有的孩子能做不少有意义的事，有的孩子却一事无成。当你问那些一事无成的孩子他的时间都去哪儿了时，他自己也说不清楚。这是因为他们总在做一些没有意义的事情，比如，学习的时候转笔，做题的时候画画，吃饭的时候看电视，等等，就在这种三心二意的状态下，孩子的时间就溜走了。

孩子学习、做事时注意力不集中，常常是导致时间溜走的关键。如果家长想让孩子学习、做事时集中注意力，就应该先让孩子知道自己的时间都去哪儿了。只有让孩子发现他的时间就是在他注意力不集中的时候溜走的，他才能深刻地意识到集中注意力的重要性。

鲁迅说："时间，每天得到的都是二十四小时，可是一天的时间给勤勉的人带来智慧和力量，给懒散的人只留下一片悔恨。"时间是最公平的，从来不会亏待任何人。但是，当时间给勤勉的孩子带来智慧和力量时，那些注意力不集中的孩子却还在问："我的时间都去哪儿了？"面对这些孩子，家长首先要做的就是帮助孩子发现他的时间都去哪儿了，让他意识到注意力不集中的时候，时间也在溜走，以便他日后能集中注意力学习、做事。

细节 73 好记性不如烂笔头

——巧借便利本记事,让孩子效率更高

妈妈:老师说你最近作业完成得不好呢,怎么回事呢?

孩子:我总是忘记老师留了什么作业,等想起来时,又着急赶,所以就完成得不好……

妈妈:这样啊,好记性不如烂笔头,你每天下课时,把老师留的作业记下来,这样就不会忘记了。

孩子:对哦!我怎么就没想到呢!

把要做的事情记下来,一方面可以避免孩子遗忘,帮助孩子记住要做的事情,不必因为突然想起没做某事而慌张,以致无法集中注意力;另一方面可以帮助孩子明确目标,从而更专注地做事,让时间变得更高效。

1. 好记性不如烂笔头,培养孩子养成良好的记事习惯

将要做的事情及时记在一本便利本上,比如每堂课后,让孩子简单用几个字记录老师留下的作业,这个小小的举动花不了多长时间,却能避免孩子忘事。正所谓"好记性不如烂笔头",记性再好的孩

子，在每天要做的诸多事情中，也难免会发生忘事的情况。当孩子发现某事没做时，尤其是发现既着急、又重要的事没做时，难免会心慌意乱，一时无法集中注意力。若忘事成了孩子的常态，那将对其注意力造成极大的危害。

2. 巧借便利本，让孩子效率更高

每天的时间都是有限的，想要在有限的时间内完成所有的事情，就需要孩子合理规划时间。把要做的事情记在便利本上，其实是在帮助孩子明确目标，根据这些目标，孩子可以提前做好时间规划，从而更容易在相应的时间段内集中注意力高效完成相应的学习任务或其他事情。由此可见，这不仅可以让孩子的时间得到高效的利用，还能促进孩子集中注意力。

德国诗人歌德说："只要我们能善用时间，就永远不愁时间不够用。"这里的善用时间，其实就是提高效率。而培养孩子良好的记事习惯，让孩子在行动时目标更明确，注意力更集中，就是让孩子效率更高的方法之一。因此，家长可以给孩子准备一本小巧的便利本，引导孩子养成记事的习惯。

细节 74　此刻就是最重要的！

——专注当下，才能拥抱美好未来

妈妈：宝贝，如果让你在过去、现在和未来中选择一个最重要的，你会选什么呢？

孩子：当然是未来啦！未来最重要。

妈妈：妈妈不这么认为呢！妈妈认为现在最重要，只有做好现在，我们才能拥有更美好的未来，你觉得呢？

孩子：我觉得妈妈说得很对，我现在也觉得现在最重要了。

过去是历史，未来是希望，只有当下才是切切实实存在的。只有专注当下，集中注意力做好当下的人，才有可能拥有美好的未来。活在当下的孩子，更容易把注意力集中到当下，更能专注地做好当下的事。因此，家长要引导孩子专注当下，活在当下，具体可从以下两方面着手。

1. 引导孩子意识到当下的重要性

有的孩子总认为明天、未来和梦想都是长大以后的事，与当下无关。于是，他们总是散漫地敷衍当下，对当下的事毫不用心，每天都浑浑噩噩地度过。殊不知，他们的未来正是由当下决定的，若是当下注意力不集中，那未来注意力也很难集中；若是当下三心二意，那么未来也很难专心做事。因此，家长应当让孩子意识到当下的重要性，并引导孩子活在当下，专注做好此刻的事。

2. 当下不专注，未来可能就拥抱不了美好

虽然每个孩子对未来都抱有美好的期望，可并非每个孩子都能专注地过好当下。有些孩子心里、眼里全都在幻想未来，可就是无法把注意力集中到当下。然而，这些孩子不知道，对当下的不专注只会使他们对未来的期望破碎。只有集中注意力过好当下的人，才有可能在未来拥抱美好。

凡是能够活在当下的孩子，都能够接纳当下的自己，他们自制力比较强，情绪也相对稳定，不自卑、不拖沓，心态总是积极向上的。他们总是很认真地对待当下的人和事，总能收获满满。

德国著名哲学家、学者、作家叔本华说："没有人生活在过去，也没有人生活在未来，现在是生命确实占有的唯一形态。"这句话直接指明了人是活在现在、活在当下的，只有活在当下的人，他的生命才是充实的。同理，活在过去的孩子常常不思进取，活在未来的孩子常常本末倒置，关键是有这两种心态的孩子都无法集中注意力做好当下的事。只有那些活在当下的孩子，才能够专注地把当下的事情做好，并集中注意力为未来努力，这样的孩子才最有可能拥抱美好未来。

细节 75 把今天的作业都做完，你需要多久
——设定时间期限，专注、高效地完成学习任务

妈妈：宝贝，你大致估算一下完成今天所有的作业需要多久。

孩子：啊！我想想啊，估计得一个半小时吧。

妈妈：那行，那妈妈给你一个小时四十分钟，你必须在这段时间内完成作业。

孩子：没问题。

给孩子设定一个完成作业的期限，主要目的不是让孩子快速地完成作业，而是让孩子能在一定期限内把注意力完全集中在学习上，以培养孩子高度集中的注意力，让孩子能够更高效地完成作业，提升孩子的学习能力。

1. 设定时间期限，可以让孩子学习更专注

有的家长认为，只要孩子愿意花时间做作业，就不要去管他花了多长时间。而给孩子规定学习时间期限，等于是在变相地给孩子施压，可能会让孩子产生厌学心理。其实，如果孩子学习时注意力不集

中，那么花再多的时间也无法提高学习能力，反倒会让孩子产生挫败感，从而更加讨厌学习。另外，学习时间期限是基于孩子自身的实际情况设定的，本质上并不会给孩子增加压力，反而会让孩子更专注地学习。

2. 时间有限，目标明确，注意力才更集中

时间有限，指的是在孩子实力的基础上设定完成各科作业的时间期限；目标明确，是指在设定的时间期限内，明确孩子要完成的学习任务。任务越明确，孩子的注意力越集中。所以，在给孩子设定学习时间期限的同时，也要明确地指出孩子要完成的学习任务，以让孩子注意力更集中。

德国诗人歌德说："在今天和明天之间，有一段很长的时间；趁你还有精神的时候，学习迅速办事。"引导孩子设定学习时间期限，就是为了更好地利用夹在今天和明天之间的这段时间，保证孩子能将注意力集中到学习上，从而能够更专注、更高效地完成学习任务。由此看来，设定学习时间期限还是很有必要的。

第八章

抓住兴趣，就是抓住孩子的注意力

对于注意力尚不稳定的孩子来说，培养孩子的兴趣，就等于抓住了他的注意力。可是，怎么样才能培养孩子的兴趣呢？是给孩子报各种兴趣班，还是主动和孩子一起玩，一起发展孩子的兴趣呢？抑或是干脆直接不管，放任孩子去发展自己的兴趣呢？……这些都是本章要探讨的问题。

细节 76 选一个你想学的兴趣班!
——兴趣班不在多,关键得问孩子是否喜欢

妈妈:儿子,武术、象棋、街舞,你喜欢哪个兴趣班?

孩子:我都不喜欢。

妈妈:那你想学什么?选一个你喜欢的兴趣班学习。

孩子:可以吗?我喜欢画画,妈妈给我报个画画班呗!

孩子的兴趣班其实并不在多,关键得问孩子是否喜欢。如果孩子不喜欢,那家长觉得再有用、再有必要学的内容,对孩子来说意义都不是很大。不仅如此,孩子还会因为要花时间和精力去应付这些兴趣班而严重分散注意力。因此,家长在为孩子选择兴趣班时,务必要注意以下两点。

1. 兴趣班得先有兴趣,而后才可能获得提升

许多家长给孩子报兴趣班,首先考虑的是这个兴趣班有没有用,而不是孩子有没有兴趣学。"强扭的瓜不甜",再有用的兴趣班,若是孩子没有兴趣,不愿意集中注意力去学,那也无异于是在给孩子增加压力。这样做父母的期望很可能会落空,孩子的注意力也多少会受

到一些负面影响。因此，家长在给孩子选择兴趣班时，务必要先征询孩子的意见，而后再决定要报什么兴趣班。

2. 兴趣班不在多，关键得看孩子的意愿

兴趣是最好的老师，当一个孩子对某个学科或某个领域十分感兴趣时，他总是能够抱着持久的热情去学习，注意力也相对比较集中和稳定。反过来，当孩子不喜欢某些学科，父母又非要违背孩子的意愿，给孩子报名时，孩子的注意力就很难保持持续的稳定和集中了，这样的兴趣班非但不能为孩子新增一个技能，反倒有可能毁了孩子的注意力。

北宋哲学家张载曾说："人若志趣不远，心不在焉，虽学无成。"这句话指出没有志趣、心不在焉，即便是学了也不会有所收获。强制孩子报的兴趣班，即便孩子去上，也常常是一副心不在焉的样子，最终只能学无所成，毫无意义。因此，家长在为孩子选择兴趣班时，应该尊重孩子的意愿。

细节 77 你这是不务正业!
——不要否定孩子的兴趣

妈妈：你这是在干吗呢，在这屋里折腾半天了？

孩子：我在画线条啊！妈妈，您知道吗，画不好线条的画家绝对不是一个好画家。

妈妈：你这是不务正业，纯属瞎胡闹，立刻去书桌那儿学习去！

孩子：妈妈，我今天作业都做完了，您就让我玩会儿吧！

有些家长认为学习是孩子当下最重要的事情，即便是要发展兴趣，也得是和学习有关的，如编程、平面设计和国际象棋等，而孩子真正喜欢的绘画、魔术、尤克里里和芭蕾舞等都纯属不务正业、瞎胡闹。于是，这些家长会去否定孩子的兴趣。殊不知，在家长否定孩子兴趣的同时，孩子也少了一种可以集中注意力的方式。

1. 否定孩子的兴趣，其实是在阻止孩子集中注意力

兴趣无疑是让孩子注意力集中并维持一定稳定性的良药。每一个

孩子在自己感兴趣的事物面前，总能够抱着极大的热情，保持长久的注意力，思维力也极其活跃。因此，一旦家长否定了孩子的兴趣，无异于是在阻止孩子集中注意力，扼杀孩子的热情，不利于孩子健康成长和成才。

2. 挖掘孩子的兴趣，可以帮助孩子提升注意力

孩子总是能够在感兴趣的事情上保持一定的注意力，也就是说，在某种程度上，兴趣是能够提升孩子的注意力的。当然，有些孩子并不知道自己对什么感兴趣，这就需要家长来挖掘。事实上，凡是孩子感兴趣的东西，都会经常在孩子的言行举止中有所体现，只要家长善于留心，必然会有所发现。因为凡是孩子感兴趣的事物，他常常会有意无意地去关注，而且还能提出一些比较新颖、深刻的问题，这都是孩子因为喜欢而做出的思考，是值得家长关注的。

著名物理学家爱因斯坦说："兴趣是最好的老师。"因此，家长不应该根据自己的喜好去否定孩子的兴趣，而应当主动去发现孩子的兴趣，然后再通过培养孩子的兴趣去提升孩子的注意力，让孩子通过做感兴趣的事去提升注意力的稳定性和持久性。

细节 78 你愿意做妈妈的书法老师吗?
——主动融入孩子的世界,引导孩子发展兴趣

妈妈:哟,儿子,你又练上书法啦?

孩子:嗯,妈妈,我今天的作业已经做完了。

妈妈:妈妈知道呢,妈妈也想练练书法,你愿意做妈妈的书法老师吗?

孩子:当然愿意啦,不过我可是很严厉的哦!

有些家长根本不把孩子的兴趣放在眼里,他们觉得那很无趣、很幼稚。因此,即便他们支持孩子的兴趣,也只是给孩子提供学习的物质条件,不会主动去研究孩子的兴趣,更不会和孩子玩在一起。其实,家长主动了解并加入孩子的兴趣,会给孩子的身心带来极大的鼓舞,让孩子的注意力更加集中。只不过,在这个过程中,家长需要注意以下两点。

1. 花时间了解孩子的兴趣

一般来说,孩子在做自己感兴趣的事情时,注意力大都是非常集中的。但是,如果家里没人陪孩子一起玩,那么孩子即使再感兴趣,

也很难保持注意力的稳定和持久。因此，如果家长愿意花时间去了解孩子的兴趣，主动融入孩子的世界，那将会使孩子玩得更加投入和专注，这能够在一定程度上提升孩子注意力的稳定性和持久性。

2. 陪孩子玩时要专心

有些家长在陪孩子玩的过程中，总是非常不专心，这种行为不但会给孩子留下不专注的负面印象，还总会打断孩子的注意力，甚至会阻碍孩子的兴趣发展。所以，家长若是想要好好引导孩子发展兴趣，并愿意陪孩子一起玩，那就应该专心一些。

著名物理学家爱因斯坦说过："我认为对于一切情况，只有'热爱'才是最好的老师。"如果家长不热爱孩子的兴趣，也不爱和孩子一起玩，只是用苍白的语言给孩子予以支持，那怎么能够做孩子的良师益友，引导孩子发展兴趣，培养孩子的注意力呢？

细节 79 这是你画的吗？画得真棒！

——学会赞赏孩子的兴趣，以增强孩子注意力的稳定性

妈妈：宝贝，这是你画的吗？画得可真棒呀！

孩子：真的吗？但是我觉得色彩搭配有些不协调呢。

妈妈：色彩搭配的确有些突兀，但是你的想法很好啊，主题很明确。

孩子：这么说，妈妈您看懂我这幅画要表达的意义了？

家长要学会赞美和欣赏孩子的兴趣，这样不仅会增强孩子的自信心，还会让孩子对兴趣保持热情和专注，从而使孩子能够将注意力稳定且长久地集中在兴趣上，促使注意力得到提升，兴趣得到发展。

1. 兴趣可为孩子注意力的集中提供条件

有些家长不太喜欢赞赏孩子，尤其是在孩子的兴趣方面，他们更是不愿意多夸一句。他们认为那样会使孩子骄傲，会让孩子把更多的时间和精力放在兴趣上，以至于耽误了学习。这其实是家长把兴趣和时间安排两个概念弄混了，兴趣可以让孩子的大脑得到放松，从而为注意力的集中提供条件，使孩子变得更加专注。只要能够控制好时间

期限，兴趣就不会耽误孩子的学习。

2. **赞赏孩子的兴趣，可以提升孩子的注意力**

家长对孩子的兴趣提出赞赏，是对孩子的一种接纳和认可，无疑可以增强孩子的自信心。经常得到父母赞赏的孩子，通常会比较勇敢，更愿意接受更多的挑战，注意力集中的速度会相对较快，持久性较强，兴趣自然会得到很大的发展。

然而，赞赏不是一件简单的事，尤其是家长对孩子的赞赏，稍不小心就可能伤害孩子的自尊，给孩子带来压力，分散孩子的注意力。所以，家长在赞赏孩子的兴趣时，一定要注意语言和语调等。

古希腊有句谚语是这么说的："每滴水里都藏着一个太阳。"这句话的意思是说每个人都有自己的优点。家长要学会去发现孩子的优点，尤其是那些在兴趣方面展现出来的优点，然后发自内心地去赞赏这些优点，从而激发孩子的兴趣，让孩子变得更加自信和专注。

细节 80 这个问题问得很有深度！

——认真对待孩子的疑问，保护孩子的注意力

妈妈：儿子，你这个问题问得很有深度，妈妈也答不上来，要不你陪妈妈一起找答案吧！

孩子：好呀，怎么才能找到答案呢？

妈妈：第一步，我们要先去书房寻找相关的书籍。

孩子：对对对，我们先查阅相关资料。

当孩子对某个方面或某件事情感兴趣时，他总是能够保持强烈的好奇心，大脑会不断地转动，从而会冒出很多想法或疑问。为了能够解开这些疑问，他会向家长提出一些问题，有些家长会耐心地解答，有些家长则置之不理，有些家长只会用敷衍简答……显然，家长不同的态度会给孩子的注意力带来不同的影响。

1. 敷衍应对孩子的疑问，会伤害孩子的好奇心

孩子之所以会有疑问，是因为他在某方面拥有好奇心。家长若是不认真对待孩子的疑问，只知道一味地敷衍孩子的疑问，必然会对孩子的好奇心造成伤害。

有的家长会误以为，孩子若是没有了好奇心，会更容易把注意力集中在学习上。殊不知，孩子若没了好奇心，就没有了求知欲和思维力，不知道生活的意义，注意力也随之变得分散了。所以，为了保护孩子的好奇心，使孩子集中注意力，家长也应该认真地对待孩子的疑问。

2. 没有耐心解答孩子的疑问，可能会分散孩子的注意力

面对孩子的疑问，尤其是多个疑问时，有些家长是不耐烦的，他们根本没有耐心去一个个地解决孩子的疑问。而这些没有得到解答的问题，常常会一点点地分散孩子的注意力，最终直接导致孩子的注意力难以集中，甚至是无法集中。

孩子的兴趣是非常广泛的，而且是跟随时代潮流不断发展变化的。也就是说，对于孩子所感兴趣的领域，家长可能会一无所知，但是，越是孩子感兴趣的领域，他的疑问就越多，这就导致某些家长无法解释孩子的疑问，一时不知道怎么回答。这种时候，家长要敢于承认自己能力有限，可以帮助孩子查阅资料或请求专业人士的帮助，这样不仅可以激发孩子的求知欲，还能让孩子变得更加专注。

苏联著名教育实践家和教育理论家苏霍姆林斯基说过："求知欲，好奇心——这是人的永恒的，不可改变的特性。哪里没有求知欲，哪里便没有学校。"

好奇心是激发孩子求知欲的关键，而问题是孩子拥有好奇心的标

志。孩子拥有强烈的好奇心，才会有强烈的求知欲，才能把注意力长久地集中在某件事或某个物体上。所以，请不要敷衍孩子提出的问题，多给孩子一点耐心，解答孩子的疑问，这就是对孩子注意力的保护。

细节 81　原来你对书法感兴趣啊！

——摒除功利心，从孩子的兴趣出发

妈妈：儿子，你最喜欢学校开设的哪门课程呀？

孩子：书法，我特别喜欢上书法课。

妈妈：原来你对书法感兴趣啊！那可得好好练练，要不妈妈找位书法老师来教你？

孩子：真的呀，那太好了！

在培养孩子的兴趣爱好方面，每一位家长理应以孩子的兴趣为出发点，尊重孩子的意愿，这样才能让孩子的兴趣得到更好的发展。同时，孩子的注意力也会得到更好的训练和提升。在这个过程中，家长需要注意两点。

1. 务必要从孩子的兴趣出发

兴趣是孩子最好的老师，家长在培养孩子的各种能力时，一定要从孩子的兴趣出发。只有孩子自己感兴趣的东西，他才会主动花时间去学习和探索，即便是遇到困难，也不会轻易放弃。在这种状态下，孩子的注意力也是非常集中的，且注意力的稳定性和持久性通常都不会太差。

2. 不要抱着功利的心态让孩子去发展兴趣

有些家长认为，既然要学，就得学出个样子来，比如，学钢琴就要参加钢琴考级。这种抱着功利的心态，强行要求孩子非得成才的想法，不但会打击孩子发展兴趣的积极性，还会给孩子增添很多负担，导致孩子精力不济，难以集中注意力。

只有愿意倾听孩子诉求的家长，才能真正走进孩子的内心，发现孩子的兴趣；只有能够发现孩子兴趣的家长，才有可能去尊重孩子的兴趣；只有尊重孩子兴趣的家长，才能在为孩子选择兴趣专业时从孩子的实际兴趣出发。只有从事自己感兴趣的事时，孩子的注意力才会更加稳定和持久。

杰出的戏剧家莎士比亚说："学问必须合乎自己的兴趣，方可得益。"因此，要想孩子从兴趣爱好中得益，家长就应该尊重孩子的兴趣。以孩子的兴趣为出发点，去培养孩子的兴趣爱好，就是对孩子兴趣的尊重。尊重孩子的兴趣，不但保护了孩子的兴趣，还为培养孩子的注意力提供了机会。

细节 82　实践才能出真知，要多用脑、多动手！
——鼓励孩子动手实践、动脑思考，为孩子播下兴趣的种子

妈妈：儿子，我看你喜欢看爷爷下象棋，你是不是喜欢象棋呀？

孩子：嗯，可是我看不懂。

妈妈：你光看自然是看不懂啦！实践才能出真知，要想学象棋，就得去实践，多动动你这聪明的脑袋瓜，慢慢地，你就会懂啦！

孩子：是吗？那我现在就去找爷爷，让爷爷教我下象棋。

要想培养或发展孩子的兴趣，家长就应该鼓励孩子多去动手实践，且要一边动手一边动脑，如此才能把兴趣的种子播在孩子心中，让他在追求兴趣时能够全身心地投入，从而使孩子的注意力在兴趣中得到发展和提升。下面两点是在培养或发展孩子的兴趣时，家长鼓励孩子多动手实践、动脑思考的原因。

1. 只是让孩子看看或想想，会养成孩子不专心的坏习惯

兴趣之所以是兴趣，首先它肯定是能够吸引孩子注意力的，其次

是孩子愿意花时间去深入了解的,最后是孩子敢于面对困难坚持下去的。有些家长认为,小孩子的兴趣都不是正经事,让他看看、想想就行了。殊不知,这样让孩子看着、想着,只会让孩子在做其他事情时无法集中注意力,养成做事不专心、马虎、拖沓的坏习惯。

2. 在兴趣方面多动脑,多动手,可培养孩子的注意力

孩子的学习固然很重要,但家长也不能只盯着孩子的学习,不让孩子有个人的兴趣爱好。要知道,孩子的兴趣爱好可以提升孩子的动手能力,发挥孩子的想象力,训练孩子的思维力,更重要的是,还能提升孩子的注意力。因此,家长要把眼光放长远一些,不应该只盯着孩子的学习,应该适当地为孩子播下兴趣的种子,鼓励孩子在兴趣方面多动脑、多动手,培养孩子的注意力。

著名哲学家黑格尔说过:"一个深广的心灵总是把兴趣的领域推广到无数事物上去。"这句话直接否定了把孩子的兴趣爱好看成是不务正业的观点,变相地指出了兴趣是可能推广到学习或其他事情上的。其实,孩子在发展兴趣的过程中所获得的一些能力,如注意力、思维力、动手能力等,都可以帮助他更专注地学习和做事。因此,家长不要假装看不到或强制拒绝孩子的兴趣,而应该设法为孩子播下兴趣的种子,鼓励孩子多动脑、多动手。

细节 83 喜欢就去做吧！
——偷偷发展兴趣，是分散孩子注意力的催化剂

妈妈：儿子，妈妈看你在作业本上画了很多可爱的漫画，你是喜欢漫画吗？

孩子：嗯，我觉得漫画很有趣。

妈妈：喜欢就去画嘛！但是不能在学习的时候画哦，那样会分散注意力的。

孩子：嗯，我以后就在素描本上画，而且在没事的时候再画。

孩子处在充满好奇心的年龄段，他们或多或少都会有一些自己的兴趣爱好。但碍于父母的权威或反对，他们常常会偷偷地发展自己的兴趣爱好，这样做不仅会使兴趣得不到良好的指导和练习，还会直接导致孩子学习时注意力不集中。

1. 偷偷发展兴趣，等于强行分散孩子的注意力

孩子在老师、家长的眼皮底下发展兴趣，既要留意不被发现，又要假装正在干正事，还要发展兴趣，这就相当于孩子要把注意力分成

三份甚至更多，并且每一份之间又是扯不清、斩不断的关系。在这样的状态下，孩子几乎是一无所成，学不好、玩不好，更重要的是还容易养成注意力分散的毛病。

2. 悄悄发展兴趣，孩子得不到良好的指导和训练

有些家长总是抱怨，孩子总跟自己对着干，越不让他做什么，他越是要偷着去做。至于家长为什么不让孩子去做某事，无非是认为它与学习无关、对孩子的未来没用、浪费时间等。对于充满好奇心的孩子来说，家长越是禁止某事，孩子的好奇心就越强，越想要去做。既然家长不允许，那就只好背着家长悄悄地发展了。既然是背着父母，那孩子的内心自然是不踏实的，注意力会受到影响，而且兴趣也得不到良好的指导和训练。

苏轼的《黠鼠赋》中有这么一句话："不一于汝而二于物，故一鼠之啮而为之变也。"这句话的意思是说自己不专心，又受到了外界事物的干扰，所以才会被一只老鼠发出的叫声所支配。当孩子背着家长发展兴趣时，他的心里也是不专心的，加之又害怕被家长发现，注意力就更容易受外界事物的干扰了。因此，家长要尽量避免让孩子偷偷地发展兴趣，以免加快孩子注意力分散的速度。

第九章

趣味游戏：训练孩子集中注意力的法宝

　　趣味游戏是家长训练孩子注意力的法宝，是孩子喜闻乐见的一种活动。趣味性、竞赛性是游戏很主要的特征，它与口头强制要求孩子集中注意力不同，会让孩子在玩乐中提升注意力。本章主要借助一些可操作的趣味游戏，对部分影响注意力的能力进行训练，以供各位家长借鉴。

细节 84　找不同
——训练孩子的视觉注意力

之所以要对孩子的视觉注意力进行训练，主要目的是提升注意力的选择性、稳定性和持续性。每一个家长都会担心孩子能否在课堂上集中注意力专心听课，因为这关系到孩子能否听得懂课堂知识，能否掌握知识以及学习能力如何。

在孩子听课的过程中，视觉注意力非常重要。孩子不仅要关注黑板上的板书和PPT上的课件，还要关注自己的笔记和课本。一般来说，视觉注意力比较弱的孩子，并不能很好地对视觉进行分配，注意力极容易被分散，主要表现为上课开小差、做小动作、东张西望和坐不住等。

"找不同"这个游戏可以训练孩子的视觉注意力，具体游戏规则和步骤如下。

1. 找画册中的不同

游戏内容：家长准备一些难度不同的"找不同画册"，然后和孩子一起去寻找画册中的不同。

2. 把实物归位

游戏内容：家长借助手机等拍照工具，先拍一张实物的照片，然后再将实物的顺序打乱，让孩子对比照片，将实物归位。

细节 85 识别声音的方位
——训练孩子的听觉注意力

你知道吗？课堂上坐得端端正正的孩子，可能真的听不到老师在讲什么内容；那些家长天天唠叨的话语，可能一直都被孩子当作耳旁风；那些专心听课的孩子，竟然不知道课后作业是什么。这些似乎不太合理的表现，其实都突显了孩子的听觉注意力不是很强的问题。

那么，什么是听觉注意力呢？听觉注意力是指一种有效听讲的能力，即一个人自动屏蔽周围无关的声音，主动选择和接收有意义的声音的能力。比如，孩子上课的时候专心听课，不受窗外声音的干扰；做作业时不会因咳嗽、脚步等细微的声音分心；等等。

孩子的听觉注意力是孩子获取信息和知识的基础，对孩子的成长、成才起着至关重要的作用。家长可以通过一些有趣的游戏来帮助孩子训练和提升他的听觉注意力，下面是两个简单有趣的游戏。

1. 声音从哪个方位来

游戏内容：

第一步：在一个安静的房间里准备一张凳子，让孩子闭上眼睛坐在凳子上。

第二步：家长在不同的方位，如上、下、左、右、前、后等各个方位处击掌。

第三步：孩子通过掌声来识别声音的方位。

2. 哎呀，漏数了×

游戏内容：由家长从1数到100，中间随意漏掉某个或某些数字，当孩子发现漏数时，就拍一下手，说"哎呀，漏数了×"，并把漏数的数给补上。

家长要注意，漏数的时候一定不要放慢数数的速度，也不要改变数数的语调，要保证这个过程是自然流畅的。另外，数数时尽量以1秒一个数字的速度进行。

细节 86 大声朗读
——训练孩子眼、耳、口的协调性

所谓眼、耳、口的协调性，主要是指视觉、听觉和语言表达的协调能力。孩子的听觉、视觉和语言表达之间常常有着明确的分工，但彼此之间又相互影响。一般来说，听觉接收各种声音信息，是抽象的；视觉接收图像信息，是直观的；语言表达则是输出观点，是逻辑的。这三者是否协调，直接影响孩子注意力的集中程度。

《弟子规》中讲道："读书法，有三到，心眼口，信皆要。"这句话是说，读书要注重三到：心到、眼到、口到，三者缺一不可。由此可见，大声阅读可以很好地对孩子的眼、耳、口的协调性进行训练。

在培养孩子大声朗读的过程中，家长要注意三点。一是要选择合适的书籍，如《声律启蒙》《道德经》《论语》等，内容须是健康的；二是要引导孩子正确朗读，除了要做到不漏读、不断读、不错读之外，还要做到心到、眼到、口到，如此才能将眼、耳、口的功能调动起来；三是要注重培养孩子大声阅读的习惯，杜绝"三天打鱼，两天晒网"的阅读方式。只有做到这三点，大声朗读才会对孩子眼、耳、口的协调性起到训练和提升的作用。

细节 87 闭目单脚直立游戏
——训练孩子身体的协调性

孩子身体的协调性是孩子对自己身体的自我控制,而控制自己的身体是孩子控制自我行为和情绪的必要前提,这与孩子在课堂上能否坐得住、成功接收外界信息和集中注意力去做某事息息相关。

通常情况下,孩子身体的协调性越好,各种感官就会越灵敏,注意力就会越集中,学习能力也会得到提升。所以,不管孩子是否学习舞蹈,家长都应该对孩子身体的协调性进行训练。"闭目单脚直立"游戏可以对孩子身体的协调性进行训练,游戏内容如下:

第一步:保持一只脚站立,另一只脚缓缓抬起,抬至小腿中间即可。

第二步:张开双臂,抬头,挺胸,保持身体平衡。

第三步:轻轻地闭上双眼,开始计时。

细节 88 传话游戏
——训练孩子的沟通能力和理解能力

沟通能力和理解能力是孩子学习和社交必须具备的两种能力。沟通能力较差的孩子，很难准确地向他人传达自己的想法和情绪，也很难正确解读对方传递的信息和情绪，这种沟通不畅的情形会直接导致孩子无法将注意力集中在谈话上，影响孩子的正常社交；理解能力不强的孩子，学习效果会大打折扣，注意力会直接受到影响。

因此，培养孩子的沟通能力和理解能力，可以在一定程度上提高孩子的注意力。传话游戏可以对孩子的沟通能力和理解能力进行培养和训练。

传话游戏的内容为家长让孩子帮忙传话。在家里，妈妈可以请孩子给爸爸传话，比如，"请你帮妈妈转告爸爸，妈妈今天晚上要值班，要到夜里十二点才下班，让爸爸十一点半开车到妈妈单位接妈妈"；在学校，妈妈可以请孩子给老师传话，比如，"爸爸妈妈这周都要去外地出差，如果学校有急事，可以找姥爷，姥爷的电话是×××××××××，姓名是×××"。

细节 89 趣味折纸
——训练孩子的注意力

"学以致用"四个字生动地诠释了孩子学习的目的,不管是学习文化知识,还是生活技能,最终都要落实到"用"上,否则很难将这些知识转化成自己的能力,而"用"最重要的就是要动手实践。

在动手实践的过程中,孩子的好奇心、探索欲和求知欲都会不断地被激发,他们会不断地去思考,注意力因此变得更加持续和稳定。

趣味折纸是一项需要孩子手脑并用的手工游戏,它不但可以训练孩子的精细动作能力,提升孩子的创造力和思维力,还能训练孩子的注意力。

以下是趣味折纸游戏的具体步骤:

第一步:准备好手工折纸要用到的物品,如折纸、手工剪刀、胶水、直尺和铅笔等。

第二步:询问孩子想折什么,并帮助孩子上网查找步骤,将折纸步骤全部打印出来。

第三步:让孩子按步骤进行操作,家长也可以和孩子一起动手操作,看谁折得又快又好。

细节 90　一起来照镜子
——训练孩子的警觉性

提到孩子的警觉性，可能大多数家长都是陌生的。但一说起孩子警觉性不高的情况，家长们又都会恍然大悟，因为丢三落四是孩子警觉性不高的最常见表现。

孩子的警觉性是孩子的注意力发育过程中的重要组成部分。如果孩子的警觉性太低，那么注意力的稳定性、转移性和分配性就会受到影响；而警觉性过高，又会使孩子产生疑神疑鬼的心理，反倒使注意力变得更加分散。另外，警觉性是一种依赖主动性的能力，在培养的过程中要以培养孩子的主动性为主。"一起来照镜子"游戏可以对孩子的警觉性进行训练，游戏内容如下：

第一步：家长和孩子并排站在大镜子前。

第二步：家长对着镜子做一个动作，孩子通过观察镜子中家长的动作来做同样的动作。

第三步：家长做一个动作，孩子根据镜子中所展现的动作做出一个与该动作有关联的动作，类似于"动作接龙"。

细节 91 逢6过

——训练孩子排解冲突的能力

在孩子成长的过程中，家长是不可能保证其周围环境万无一失的，即不管家长怎么做，都无法把周围那些能干扰孩子注意力的因素完全消除。而孩子排解冲突的能力，是指在有外界因素干扰的条件下，孩子继续专注做事、专心学习的能力。

孩子排解冲突能力的高低会给孩子的学习和生活带来很大的影响。一般来说，排解冲突能力不强的孩子，注意力常常会被其他事情分散，从而出现心不在焉、小动作多等注意力不集中的情形，这会影响孩子知识的接收和做事的效率。"逢6过"游戏可以对孩子排解冲突的能力进行训练，游戏内容如下：

所有家庭成员围成一个圈坐下，从第一位成员数1开始，依顺序喊出数字，遇到6或6的倍数的成员，不能喊出这个数，只需拍一下手即可，而下一位成员要接着喊出下一位数字继续游戏。比如，前一位成员喊11，后一位成员就不能喊12，而是要拍一下手，再下一位成员则要喊出13。

细节 92 文具盒里有什么
——训练孩子的记忆力

记忆力是注意力的一种结果反馈。记忆力强就表示学习、做事的注意力是集中的，否则注意力就是不集中的。可以说，家长对孩子的记忆力进行训练，很大一部分是在训练孩子的注意力。

孩子记忆力的好坏是可以通过后天的练习来增强的，家长可以抓住生活中遇到的任何机会来训练孩子的记忆力，比如记亲人的信息，包括亲人的姓名、住址、电话号码等。另外，家长要认识到死记硬背并不是训练孩子记忆力的好方法。"文具盒里有什么"是一个训练孩子记忆力的游戏，游戏内容如下。

第一步：家长问"文具盒里有什么？"

第二步：孩子先做出回答，然后继续问家长，比如"铅笔。文具盒里有什么？"

第三步：家长做出回答，继续问孩子，如"尺子。文具盒里有什么？"依次循环，直到其中一个人答不上来为止，答不上来的人是输家。

细节 93　有趣的拼图
——训练孩子的意志力

意志力是指一个人朝着既定的目标，主动地去支配、调节自己的行为，即使中途遇到了困难，也会设法去克服，始终向着目标不断努力的一种品质。意志力是一种内在品质，是保持注意力集中的持久动力。

培养孩子的意志力，不仅可以让孩子变得更有毅力，还能引导孩子去克制自己的欲望和情绪，使孩子的注意力变得更加稳定。训练意志力的方法有很多，家长可以选择一些孩子感兴趣的游戏，如玩拼图、搭积木、装火柴棍和长跑等，来增强孩子的意志力。

1. 有趣的拼图

游戏内容：家长可以根据孩子的年龄、喜好选择购买难易适中的拼图，让孩子去拼自己喜欢的东西，这会让拼图游戏变得更加有趣。孩子必须有足够的耐心和毅力才能将这些被打乱的图形拼合在一起，这就要求孩子要有一定的意志力。

2. 装火柴棍

游戏内容：把一盒火柴棍全部倒出来，再让孩子一根一根地装进火柴盒，这个动作虽然非常简单，但很枯燥，只要孩子的意志力稍微弱一点儿，就会中途放弃。

细节 94　一二三，木头人
——训练孩子的自控力

上课总分心、做作业总走神、玩玩具总是三分钟热度等注意力不集中的表现，都是孩子自控力比较弱的体现。也就是说，孩子的自控力与注意力密切相关。通常情况下，孩子的自控力越强，其注意力的稳定性就越高。

一般来说，孩子的自控力都是比较低的，这也是他们上课时忍不住说话、做作业时忍不住吃零食、吃饭时忍不住看电视的根本原因。为了保护孩子的注意力，增强孩子的自控力，家长可以和孩子玩一些有趣的游戏。"一二三，木头人"游戏可以对孩子的自控力进行训练，游戏内容如下：

第一步：家长喊"一二三"时，孩子可以做任何动作。

第二步：家长喊"木头人"时，孩子要立即保持当前动作，静止不动。

第三步：家长可以在静止不动的孩子面前做各种搞怪的动作。如果孩子笑了或动了，即孩子挑战失败；反之，则孩子成功。

细节 95 大声说出你的步骤
——培养孩子的独立性

孩子的独立性包括精神自立和生活独立两个方面。所谓精神自立，是指孩子有自己的想法和动机，能够主动地去学习和探索；生活独立，是指孩子能够独立完成自己的事，能够照顾好自己。此二者是保持注意力稳定的必要前提。

在日常生活中，家长不仅要注重培养孩子独立生活的能力，还要注重培养孩子的精神自立，力求让孩子在精神、生活两方面都获得独立，从而能够自觉地集中注意力专心学习、专注做事。"大声说出你的想法"游戏可以培养孩子的精神自立能力，"自己的事自己做"则可以训练孩子的生活独立能力，两个游戏的具体内容和步骤如下。

1. 大声说出你的想法

游戏内容：让孩子参与到家庭决策中，鼓励孩子大声说出自己的想法，比如制订周末计划、假日出游计划、暑假计划等，都可以让孩子大声说出自己的想法和步骤，并且认真地采纳或拒绝。采纳要指出好在哪里，拒绝要给出原因，要让孩子感觉到被尊重。

2. 自己的事自己做

游戏内容：

第一步：让孩子想想看哪些事情是他自己能做的，列一个清单，取名为"我能做的"。

第二步：让孩子从清单中找出属于自己的事，并单独再列一个清单，取名为"自己的事自己做"。

第三步：让孩子根据第二张清单，即"自己的事自己做"，自觉主动地完成清单中的事，家长要做好监督。

第四步：如果时间、精力允许，可以让孩子继续做"我能做的"清单中的内容，还可以去挑战一下他不会做的事情。

细节 96　我的时间，我说了算

——培养孩子的时间管理能力

孩子的时间管理能力的高低决定了孩子时间观念的强弱。一般来说，孩子的时间观念越强，其时间管理能力就越高，注意力就越集中；反之，孩子的时间观念越弱，其时间管理能力越欠缺，时间的利用率越低，就越容易出现做事拖沓、做作业慢、上课开小差等注意力不集中的问题。

为了培养孩子的时间管理能力，家长可以适当地把时间交给孩子，让孩子做时间的主人，自由地对时间进行分配。"我的时间，我说了算"这个游戏可以帮助家长了解孩子对时间的安排方式及孩子愿意把注意力集中在哪些方面的意愿。

"我的时间，我说了算"的游戏内容如下。

第一步：家长每周抽出一天的时间交给孩子自己安排，在这一天内，孩子就是时间的主人，可以任意支配自己的时间。

第二步：孩子要先口头陈述对这一天的时间安排，比如，什么时间想去哪里，什么时间做什么事等。

第三步：一天结束之后，孩子要做一个时间反馈表，主要反馈当天计划做的事是否完成，若是没有完成，找一找是什么原因，该怎么解决。

第十章

进行科学训练,有效提升孩子的注意力

注意力的广度、注意力的稳定性、注意力的分配性和注意力的转移性是注意力的四种品质,一个人注意力的好坏便是由这四个品质共同决定的。注意力的四个品质不是一成不变的,尤其是孩子的注意力更是在不断发展变化中的。家长可以从这四个品质着手,逐个、逐步、有效地去提升孩子的注意力。

细节 97　十秒之内你能记住几个姓名和电话号码？
——训练注意力的广度

所谓注意力的广度，是指人们在一瞬间所能觉察和认识的事物的数量，通俗地说就是注意力的范围。

注意力的广度是因人而异的，与成人相比，孩子注意力的广度相对较小，但并不是一成不变的，通过一些科学训练，还是能够得到提高的。下面介绍两个训练孩子注意力广度的小游戏。

1. 在限制时间内记姓名和电话号码

游戏内容：给孩子一本电话簿，先让他记10秒钟，然后合上电话簿，看看孩子能记住几个姓名和电话号码。可每天训练一次，但每次都要保证是新的姓名和电话号码。

2. 快速排序

游戏内容：将数字1~25胡乱地放在一张有25个小方格的表中，让孩子以最快的速度按顺序找出1~25，按找到数字—指出数字—读出数字的步骤进行训练。这种表格可灵活多变，每天都可以训练一遍。

细节 98 一起玩天女散花吧
——训练注意力的稳定性

注意力的稳定性是指一个人在一定的时间内，把注意力集中在某一特定对象与活动上的能力。通常，性别、年龄和性格的不同是造成孩子注意力的稳定性各不相同的原因。

孩子能否整堂课保持注意力集中，主要取决于孩子注意力稳定性的高低。由此可见，注意力的稳定性对孩子的学习有着很重要的影响，因而，有必要对孩子注意力的稳定性进行科学训练。下面介绍两个训练孩子注意力稳定性的游戏。

1. 一起玩天女散花吧

游戏内容：

第一步：家长先准备各种颜色的彩色圆球，注意球的大小要适中。同时，家长还要将这些球混合收纳在某个盆里或筐中，再准备一支笔和一张纸。

第二步：双手迅速从盆里或筐中随意抓起任意个数、任意颜色的彩球，接着同时撒开双手，让手中的彩球同时下落。

第三步：等到彩球全部落地，便让孩子迅速看一眼地上的球，再迅速转身，凭着记忆在纸上写下每种颜色的球的个数，再和实际数目核对。

游戏贴士：将此游戏重复练习15天，再观察孩子注意力的稳定性是否得到提升。

2. 一起圈数字

游戏内容：

第一步：先准备一张白纸、一支黑色签字笔、一支红笔。

第二步：用黑色签字笔在白纸上写下一连串毫无规律、毫无秩序的数字。

第三步：任意指定一个数字，让孩子把这个数字后面的第二位数字用红笔圈出来。

细节 99 故事的结尾你来说
——训练注意力的分配性

注意力的分配性,是指一个人在同时进行多项活动时,合理将注意力分配给各项活动的能力。也就是说,注意力的分配性是指一个人"一心二用"或"一心多用"的能力。

比如,孩子在上课的过程中,不仅要专心听讲,还要专心做好笔记,同时大脑还要跟着老师的思路不断地思考。如果孩子不能合理地分配自己的注意力,就可能会造成只听课没做笔记,或只做笔记没认真听课,或是只顾思考没听课、没做笔记等后果,以致直接影响孩子的听课质量。

在孩子的成长过程中,注意力的分配性有着很强的现实意义,比如,保证孩子的听课质量、提高孩子的做事效率等。因此,家长有必要对孩子注意力的分配性进行科学的训练。下面两个游戏可对孩子注意力的分配性进行训练。

1. 我说情节,你接结尾

游戏内容:由家长讲述任意故事情节,让孩子来补充故事结局。

游戏贴士：结局必须跟家长所讲的故事情节有关联，而且结尾所提到的人物、时间、事件的顺序、物品等都不能和前面的故事情节有冲突。

2. 正话反说

游戏内容：

第一步：家里所有成员都可参加，由其中一名家长担任主持人。

第二步：当主持人说出一个词语或短语时，参与成员要在最短的时间内将这个词语或短语反着说出来。比如，主持人说"上海"，参与者就要说"海上"；主持人说"你好吗"，参与者就要说"吗好你"。

游戏贴士：最长不能超过5秒，否则就要受到惩罚，惩罚方式可以由任意家庭成员制定，可以是唱歌或是讲笑话之类的。游戏难度可以根据短语字数的多少来灵活调整。

细节 100 猜猜骰子在哪里?
——训练注意力的转移性

注意力的转移性是指一个人主动、迅速地将注意力从一项活动转移到另一项活动的能力。在这个过程中主要突出了思维的灵活性。比如,哥哥正在解答数学作业,妹妹忽然过来要求哥哥讲故事,如果哥哥能立即把思维从数学作业中转换出来给妹妹讲故事,而且讲完故事后又能立刻回到数学思维中去,这就说明哥哥注意力的转移性还不错。

我们知道,孩子的学习科目很多,不论是学校的课程安排,还是课后各科作业的安排,都不是每天只学一个科目或只做一科作业,而是各个科目交叉着来:上堂课上语文,下堂课就上数学;上一分钟做完英语,下一分钟接着做数学。如果孩子注意力的转移性不佳,那必然会影响孩子的学习能力和学习效率。因此,家长训练孩子注意力的转移性是有必要的。

在训练开始之前,家长需要了解分心和注意力转移的两点差异:第一,注意力的转移是主动的,分心是被动的;第二,注意力的转移是必要的,分心则是不必要的。只有认识到这两点,家长才能更好地通过训练提升孩子注意力的转移性。下面介绍两个训练孩子注意力转移性的游戏。

1. 猜猜骰子在哪里

游戏内容：

第一步：准备三个不透明的杯子、一个骰子，把骰子扣在某个杯子下面。

第二步：家长快速移动几个杯子，让孩子猜骰子在哪个杯子下面；

第三步：转换角色，让孩子移动杯子，家长猜骰子在哪里。

游戏贴士：移动杯子的速度要适中，不宜过快或过慢，过快会使孩子的视力跟不上，过慢则达不到训练的目的。

2. 找光点

游戏内容：

第一步：准备三支激光笔，其中两支颜色相同，另一支颜色必须不同于另外两支；再准备一张有很多图案的图片。

第二步：用其中一支激光笔照射图片，慢慢移动，停住，让孩子说出光点停在了哪里。

第三步：拿出两支不同颜色的激光笔，按不同的轨迹移动，并要求孩子只注意其中一个光点的移动。

第四步：用两支颜色相同的激光笔，按不同的轨迹移动，要求孩子只注意其中一个光点的移动。